彩图版

太空奥秘解读

高立来 编著

U0271434

Wuhan University Press
武汉大学出版社

前　言
PREFACE

　　天文学是观察和研究宇宙间天体的学科，它研究的是天体分布、运动、位置、状态、结构、组成、性质及起源和演化等，是自然科学中的一门基础学科。天文学的研究对象涉及宇宙空间的各种物体，大到月球、太阳、行星、恒星、银河系、河外星系以至整个宇宙，小到小行星、流星体以至分布在广袤宇宙空间中的各种尘埃等，因此充满了神秘的魅力，是我们未来科学发展的前沿，必将引导我们时代发展的潮流。

　　太空将是我们人类世界争夺的最后一块"大陆"，走向太空，开垦宇宙，是我们未来科学发展的主要方向，也是我们未来涉足远行的主要道路。因此，感知宇宙，了解太空，必定为我们未来的人生沐浴上日月辉映的光芒，也是我们走向太空的第一步。

宇宙的奥秘是无穷的，人类的探索是无限的，我们只有不断拓展更加广阔的生存空间，破解更多的奥秘谜团，看清茫茫宇宙，才能使之造福于我们人类的文明。

宇宙的无限魅力就在于那许许多多的难解之谜，使我们不得不密切关注和发出疑问。我们总是不断地去认识它、探索它，并勇敢地征服它、利用它。古今中外许许多多的科学先驱不断奋斗，将一个个奥秘不断解开，并推进了科学技术的大发展，但同时又发现了许多新的奥秘现象，不得不向新的问题发起挑战。

为了激励广大读者认识和探索整个宇宙的科学奥秘，普及科学知识，我们根据中外的最新研究成果，特别编辑了本套丛书，主要包括天文、太空、天体、星际、外星人、飞碟等存在的奥秘现象、未解之谜和科学探索诸内容，具有很强的系统性、科学性、前沿性和新奇性。

本套系列作品知识全面、内容精练、文章短小、语言简洁，深入浅出，通俗易懂，图文并茂，形象生动，非常适合广大读者阅读和收藏，其目的是使广大读者在兴味盎然地领略宇宙奥秘现象的同时，能够加深思考，启迪智慧，开阔视野，增加知识，能够正确了解和认识宇宙世界，激发求知的欲望和探索的精神，激起热爱科学和追求科学的热情，掌握开启宇宙的金钥匙，使我们真正成为宇宙的主人，不断推进人类文明向前发展。

目 录
CONTENTS

天文科学丛书

宇宙到底有多大

　　我们现在所谈到的宇宙大小，是指可见的宇宙，也就是以我们人类生活的地球为一个球体，它的半径是从大爆炸，即宇宙作

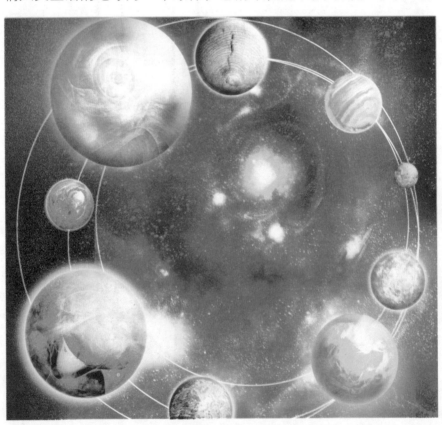

为一个点诞生，并开始向外迅速膨胀以来光所通过的空间。从整体上看，宇宙很可能比这个可见的宇宙大得多。

"光年"是天文学采用的计量单位，也就是光在一年中经过的路程。光的速度大约为每秒30万千米，一光年大约是94600亿千米。银河系的直径约为10万光年，而且还有另外的星系在银河系之外，离我们有数十亿光年。我们目前所能观测到的宇宙边缘，最新发现了类星体，与地球相隔约100亿至200亿光年，这是到目

前为止所知最遥远的天体。

宇宙尽头在何方

在20世纪以前，人们认为太阳系几乎就是一切，不相信太阳系以外还存在其他星球。至1900年，人们又认为太阳系所属的银河系就是整个宇宙。至于银河系的大小，当时最大的估计是宽约20000光年，其中包含20亿至30亿颗像太阳一样的恒星。

1920年，天文学家哈洛·沙普利等人根据当时掌握的测量恒星距离的新方法，算出了银河的真实宽度是10万光年，其中包含的恒星总数达2000亿颗至3000亿颗。同20年前的看法相比，银河扩大了100倍，而且还断定这极度扩大了的银河并不是全部的宇宙。

与此同时，天文学家又发现宇宙是由许多个像银河系一样的星系集成的，每个星系由几十亿至几万亿颗星体组成。而且证明了宇宙是动态的，成群存在的星系彼此相互分离，它们之间的距离越来越大，好像宇宙也在不断扩大。

1929年，美国天文学家埃德温·哈勃等人设计出了确定星系距离的多种方法，证明即使是离我们比较近的星系，如仙女星座系距离我们也有230万光年。

按照宇宙诞生之后就急速扩大的宇宙模型，可以计算出宇宙的年龄大约为130亿年。

宇宙范围的测量

这样遥远的距离简直无法想象，但天文学家的职责就是准确地计算、测量出宇宙的大小和范围。

假如天文学家可以找到一支"标准蜡烛"，也就是某个类星体，它有稳定亮度，特别显眼，远隔半个宇宙也能够看见，那么这个问题便不再是谜。

到目前为止，大家公认整个宇宙可通用的"标准蜡烛"还没有找到。因此，天文学家运用这一基本方法时通常采取一种分步方式，这就是设立一系列"标准蜡烛"，每一步的作用就是测定下一步。

　　近些年，远红外线观测造父变星、行星状星云和美国麻省理工学院的约翰·托里的成片星系，3种不同的"标准蜡烛"使大多数人认为宇宙并不古老，仅有110亿年至120亿年。

　　但是，并不能肯定这就是正确答案，至少有另外3个天文学家小组得出了不同的结果。

　　其中的一个小组是以哈佛大学天文学系主任罗伯特·柯什纳为首的科学家，他们得出的结论是宇宙并不古老，可能有150亿年。但杰奎琳·休特及她的学生们，以及普林斯顿大学的埃德·特纳，都测定宇宙有240亿年。至于宇宙究竟有多大，它的尽头究竟在何处，也许将永远是个谜。

什么是失落的世界

天文学家提出，在遥远的宇宙边缘，存在着一些与地球环境相似的行星，它们被称为失落的世界。

科学家们相信，这些行星在太阳系形成初期被摒出太阳系，从而成为宇宙中的"游魂野鬼"。它们那里的气候暖和而且湿度充足，足以维持生命的存在。

美国加利福尼亚州技术学院行星科学家史蒂文森表示，尽管这些地球的"孪生兄弟"没有像太阳那样的恒星为它们提供热力，但它们的表面很可能有厚厚的氢气层，氢气层中蕴藏着由行星天然放射作用所发出的热量，并使这些微热得以长期保存。

史蒂文森说，这些"被逐者"从太阳系形成过程中所获取的热能，即使经过几

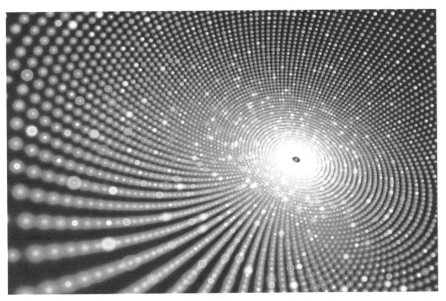

百亿年也不会冷却。

　　"失落的世界"理论问世后，引起了极大的争议，因为史蒂文森的论点目前基本上不能得到证实。那些遥远的孤星如果存在的话，也只能发出极少的放射热能或无线电波，以目前的技术而言，地球上的科学家根本无法观察到它们。

小知识大视野

　　银河系是太阳系所在的恒星系统，包括1200亿颗恒星和大量的星体、星云，还有各种类型的星际气体和星际尘埃。它的直径约为10万多光年，中心厚度约为12000光年，总质量是太阳质量的1400亿倍。银河系是一个旋涡星系，具有旋涡结构，即有一个银心和两个旋臂，旋臂相距4500光年。

宇宙有无边界

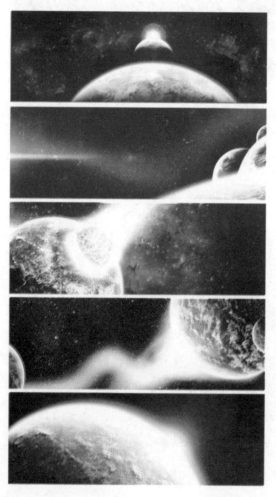

宇宙是膨胀的

宇宙究竟是开放的还是闭合的？空间有无边界？时间有无始终？人们想知道。

1912年，美国天文学家斯莱弗在亚利桑那州的洛厄尔天文台发现，许多星系发射的光已变红，有多普勒位移，好像它们必定是在离开地球。1925年，哈勃和他的得力助手米尔顿·赫马森观测宇宙时很快就发现"红移"不仅是某些星系，而且是本星系以外的一切星系

都具有的特性。他们还发现，越朝远处看，星系的光谱线越移向光谱的红色一端。

因此，他们不得不做出这样的结论：一个星系离银河系越远，其飞离的速度越快。此后第四年，哈勃宣布：整个可见的宇宙是不稳定的，四面八方一律在膨胀。

宇宙的三种模型

基于"宇宙是膨胀的"这个由观测事实得到的论点，人们建立了宇宙的三种不同模型。

第一种是稳定态模型。认为宇宙一直在以不变的速率膨胀，新的物质不断产生，某一空间总是有同量的物质。

第二种是大爆炸模型。认为宇宙起源于一次大爆炸，以后各星系会无限膨胀，宇宙的全部元素供应都在爆炸的头半个小时内产生齐备，再不会有新的物质产生。

第三种是脉动模型。认为宇宙的所有物质都从一团原先压紧的物质飞离，速度逐渐缓慢下来，最终停止不动，而后开始在各部的引力互相影响下发生收缩，物质凝聚到最后再度发生爆炸。在这些过程中，物质既没有产生，也没有毁灭，只是重新编排、互换位置。

三种宇宙模型共存让人们激辩了许多年，到了20世纪50年代后期，大爆炸模型渐趋上风，至1965年更有观测证据有力地支持大爆炸模型，从此大爆炸模型被广泛地接受了。

大爆炸模型的延续

大爆炸模型认为，最初的宇宙是连10厘米至25厘米也未充满的超高温、高密度的"一点"。大约180亿年前，这"一点"突然爆炸了，仅用10秒至36秒，伴随着真空相转移的过冷却现象，"一点"做了瞬间几十个数量级的膨胀，成为一厘米规模的宇宙。其后宇宙继续膨胀，温度从几十亿度开始下降，大约在5500万摄氏度时，由降温过程的能量，生成中子、质子它们又合为原子核，这些过程仅有3分钟。约30万年后当宇宙的温度下降至3000摄氏度时，

自由电子被原子核捕捉形成原子。在随后的大约3000万年中那些原子继续外冲，宇宙也继续冷却，到宇宙温度降至绝对零度之上167摄氏度时，原子开始化合形成稀薄气体。

此后，因密度波动、引力作用、部分收缩向新的天体进化。再经过100多亿年，显示出多种多样的物质形态，成了今天的宇宙。当然，大爆炸理论认为今天的宇宙仍在继续膨胀。

大爆炸理论告诉了人们宇宙是怎样诞生的，但并未说明宇宙将怎样死亡或是否会死亡。对这个问题，人类现在还未得到确切的答案。

宇宙无边但有限

人们认为，宇宙的未来取决于宇宙的几何模型，即宇宙是开放的还是闭合的？

回答这个问题，要以爱因斯坦的狭义相对论——时空理论和广义相对论——引力理论为基础。狭义相对论发现了高速运动能使时间、长度和质量发生奇怪的畸变；广义相对论指出空间是弯曲的。运用爱因斯坦的理论，可以找出一种能够确定宇宙弯曲与否的观测方法。

这种方法所根据的原理是：宇宙业已膨胀，必然会自行制动，因为各星系间相互引力一定会发生使各星系彼此分离的飞行缓慢下来的作用。制动效应的测量方法在于过去的膨胀速度。如果过去的膨胀速度比现在的膨胀速度大得多，那就表示宇宙的行动已被制住了很多，它的曲率是正的像一个球体表面。如果制动只有一点点，它的曲率可能是零，像普通欧几里得空间。

如果完全没有制动，它的曲率就是负的，像西部马鞍的表面。到现在为止，人们对暗淡而迅速后退的星系所做的多次探测，显示出宇宙大概是正弯曲的。这就是说宇宙无边然而是有限的，它可能往四面八方无限远地伸展，而质量并非无穷。

人类对宇宙未来的认识仅仅如此。但人类已知地球所属的太阳系及银河系是无法永存的。五六十亿年之后，太阳将膨胀成大火球，那时人类的后代只有移民到银河系中别的星系的一行星上才会得以续存。

宇宙为什么有限

1917年，爱因斯坦发表了著名的"广义相对论"，为我们研

究大尺度、大质量的宇宙提供了比牛顿"万有引力定律"更先进的武器。应用后，科学家解决了恒星一生的演化问题。而宇宙是否是静止的呢?对这一问题，连爱因斯坦也犯了一个大错误。

他认为宇宙是静止的，然而1929年美国天文学家哈勃以不可辩驳的实验，证明了宇宙不是静止的，而是向外膨胀的。正像我们吹起一只大气球一样，恒星都在离我们远去。离我们越远的恒星远离我们的速度也就越快。

可以推想：如果存在这样的恒星，它离我们足够远以至于它离开我们的速度达到光速的时候，它发出的光就永远也不可能到达我们的地球了。

从这个意义上讲，我们可以认为它是不存在的。因此，我们可以认为宇宙是有限的。

"宇宙到底是什么样子？"目前尚无定论。值得一提的是史蒂芬·霍金的观点比较容易让人接受：宇宙有限而无界，只不过比地球多了几维。

比如，我们的地球就是有限而无界的。在地球上，无论从南极走到北极，还是从北极走到南极，你始终不可能找到地球的边界，但你不能由此认为地球是无限的。实际上，我们都知道地球是有限的。地球如此，宇宙也是如此。

怎么理解宇宙比地球多了几维呢？举个例子：一个小球沿地面滚动并掉进了一个小洞中，在我们看来，小球是存在的，它还在洞里面，因为我们人类是"三维"的；而对于一个动物来说，它得出的结论就会是：

小球已经不存在了！它消失了。为什么会得出这样的结论呢？因

为它生活在"二维"世界里，对"三维"事件是无法清楚理解的。

同样的道理，我们人类生活在"三维"世界里，对于比我们多几维的宇宙，也是很难理解清楚的。这也正是对于"宇宙是什么样子"这个问题无法解释清楚的原因。

 小知识大视野 ◆◆◆◆◆◆◆◆◆◆◆◆

欧几里得空间简称为欧氏空间，也可以称为平直空间，在数学中是对欧几里得所研究的二维和三维空间的一般化。这个一般化把欧几里得对于距离、以及相关的概念长度和角度，转换成任意数维的坐标系。当一个线性空间定义了内积运算之后，它就成为了欧几里得空间，欧几里得空间是无穷大的。

宇宙的年龄

宇宙年龄的猜想

马普学会地外物理学研究所和欧洲航天局的科学家们对编号为"APM08279＋5255"的类星体上所含成分进行分析发现，其铁物质含量大约是太阳系中单个星体的3倍左右。根据现有认识，类星体及其所含铁物质是在宇宙大爆炸后15亿年左右才逐渐形成的，而天体中的铁物质是在宇宙中星体燃烧爆炸之后经过聚变反应后形成的。也就是说，某个天体上的铁物质只能在数十亿年时

间内才逐渐积聚起来。

现有研究认为，宇宙年龄至少为125亿年，太阳系形成的时间约在90亿年前。

因此，以太阳系天体中铁物质含量作对比，这一新发现表明宇宙中存在一类人们迄今并无认识的富含铁物质的星体，或者表明宇宙年龄要大于此前的猜测。

宇宙年龄的测量

测定宇宙年龄的方法有很多。用同位素年代法测量过地球的年龄为40亿年至50亿年，月球年龄为46亿年，太阳年龄为50亿年至60亿年，此法测定宇宙年龄为120亿年。

比较常用的还有球状星团测量法，它是借助恒星演化理论来测算恒星年

龄，用此方法计算宇宙年龄为80亿年至180亿年。

如果从测定的最老恒星年龄约200亿年来看，宇宙年龄至少应在180亿年以上。

哈勃常数测定法是基于宇宙膨胀的观测事实确立的。在一个不断膨胀的宇宙中，测膨胀速度可通过红移量的测量来获得。测出邻近星系与我们的距离，再由此标定红移与距离的关系，就可提供宇宙的尺度，进而计算宇宙的年龄，因此测定出邻近星系与我们之间的距离是最为关键的。

德国的科学家测定出宇宙年龄为340亿年。总之，运用不同的测定方法测出来的宇宙年龄都不一样，而且相差非常远。

宇宙年龄的增加

2006年8月7日，美国科学家的一份报告称，宇宙的年龄可能比原先设想的还要早20亿年。科学家们已发现一个比原先预想还远15%的邻近星系，这意味着宇宙的年龄可能至少估计了15%。但是另一些专家认为现在下结论还为时过早。

天文学家们通过观测一颗阶段性改变亮度的特殊行星，已经成功测定出许多遥远星系的相对距离。

但是为了知道这些星系距离人们究竟有多少光年，科学家们需要直接计算银河系和一些星系之间的距离，这样的测量很难进行。

华盛顿卡耐基研究所的阿切斯特·波南斯和他的同事在银河系的"邻居"三角座星系中观测到一颗正在逐渐暗淡的失色双星。

小知识大视野 ◆◇◆◇◆◇◆◇◆

测量与邻近星系距离的方法有两种，每种方法测量出的结果也都有两种，即200亿年和100亿年。还有人采用一种与哈勃常数无关的测定方法，测得的宇宙年龄为240亿年。

宇宙的诞生与消亡

宇宙诞生的研究

宇宙是如何诞生的？现在的样子又是如何演变而成的呢？在很早以前人类就提出了这些疑问。这个使人类困惑千年而未能破解的重大问题直至爱因斯坦完成了一般相对论学说之后，才首次被提出符合科学逻辑的解答。

一般相对论提出宇宙有可能发生膨胀，后来研究的结果证实

了这一点。科学家们发现远方的银河正在以非常快的速度和我们的银河拉远距离，这说明宇宙正在逐渐地膨胀着。

另外，还发现宇宙空间到处充满着杂音电波，这证明宇宙曾经是一个超高温、高密度的大火球。

宇宙到底是什么

宇宙是广袤空间和其中存在的各种天体以及弥漫物质的总称。宇宙是物质世界，它处于不断的运动和发展中。《淮南子·原道训》写道："四方上下曰宇，古往今来曰宙，以喻天地。"即宇宙是天地万物的总称。

宇宙中的物质分布出现不平衡时，局部物质结构会不断发生膨胀和收缩变化，但宇宙整体结构相对平衡的状态不会改变。仅凭从地球角度观测到的部分，可见星系与地球之间距离的远近变化，但不能说明宇宙整体是在膨胀或收缩。就像地球上的海洋受

引力作用不断此长彼消的潮汐现象，并不说明海水总量是在增加或减少一样。

大爆炸宇宙论

"大爆发宇宙论"被公认为是最标准的宇宙进化理论。根据这个理论推算，宇宙诞生的时间在150亿年之前。宇宙刚刚诞生时，它的直径仅有0.1米，但它的温度和密度却高得让人无法想象。由于物质的温度和密度骤然下降，使这个宇宙之卵以爆炸性的速度猛烈膨胀。在"大爆发"中诞生了各种元素和支配它们运动的力，也因此形成了星球和银河，顷刻间宇宙之卵便演变成了"成年"的宇宙。

"大爆发宇宙论"提出，宇宙可能是从既无空间也无时间的"虚无"之中以惊人的速度迅猛膨胀而瞬间诞生的。这种理论还提出，宇宙常常是周而复始地从诞生至消亡，再诞生、再消亡的轮回，我们现在的这个宇宙只是从过去到未来无数个宇宙中的一个而已。但到目前为止，对于宇宙的起源还没有一个统一的理论，这还需要人类进一步的考察和研究。

宇宙也会死亡吗

生老病死是人之常情。但宇宙也会有完结的一天吗？会以怎样的形式完结？会是瞬间爆炸吗？

根据科学家的最新观测结果显示，宇宙最终不会变成一团燃烧的烈火，而是会逐渐衰变成永恒的、冰冷的黑暗。然而地球人或许没有必要杞人忧天，因为地球人暂时还不会被宇宙"驱逐出

境"。科学家又指出：没有什么东西是可以永远存在的。宇宙也许不会突然消失，但是随着时间的推移，它可能会让人觉得越来越不舒服，并且最终变得不再适于生命存在。这种情况将会在什么时候出现呢？又会以怎样的方式出现呢？这的确是一个令人沮丧的问题。但是，对于我们这些生活在地球上的人来说，这些问题却是一种冷酷的问题。

天文学家的推测

自从20世纪20年代，天文学家哈勃发现宇宙正在膨胀以来，"大爆炸"理论一直没有摆脱被修改的命运。根据"大爆炸"理论，科学家指出，宇宙的最终命运取决于两种相反力量长时间"拔河比赛"的结果：

一种力量是宇宙的膨胀，在过去的100多亿年里，宇宙的扩张一直在使星系之间的距离拉大。

另一种力量则是这些星系和宇宙中所有其他物质之间的万有引力，它会使宇宙扩张的速度逐渐放慢。如果万有引力足以使扩张最终停止，宇宙最终会变成一个大火球。显然，任何一种结局都在预示着生命的消亡。目前，天文学家的观测结果仍然存在着不确定的因素。

科学家指出，这一不确定因素涉及膨胀理论。根据这一理论，宇宙始于一个像气泡一样的虚无空间，在这个空间里最初的膨胀速度要比光速快。在膨胀结束之后，推动宇宙膨胀的力量可能存在于宇宙中，潜伏在虚无空间里，在不断推动宇宙的持续扩张。

为了证实推测，科学家又对遥远的星系中正在爆发的恒星进行了观察。通过观

察，他们认为膨胀推动力有可能确实存在。

　　宇宙如果继续膨胀下去，各星球将耗尽内部核燃料，逐渐变成白矮星、中子星和黑洞。最后黑洞遍布宇宙，它们吞噬包括光线在内的所有物质，整个宇宙变成黑暗世界，最后黑洞也会蒸发，组成物质的基本粒子也会衰变，宇宙又成为一个混沌世界。

宇宙热死假说

　　1854年，德国科学家亥姆霍兹提出了宇宙热死说。他指出，宇宙只能使所有的能量转化为热，并最终处于均匀的状态，进而使宇宙陷入永恒的静止状态。这种假说也被称作热死假说或热力学假说。热死假说引起了恐慌，因为那死寂的没有生命的宇宙就等于世界的末日来临，为了消除假说，德国物理学家克劳修斯和奥地利物理学家玻尔兹曼曾为此展开争论，后者认为宇宙并非只向一个方向变化，也会向相反方向转化。

恩格斯也不同意热死假说的观点，他认为这同能量守恒原理相矛盾。由于热死假说同宇宙无限论相矛盾，主张大爆炸学说的宇宙学家则从宇宙膨胀的观点加以解决。美国天文学家哈勃发现宇宙在膨胀着。由于宇宙的热膨胀，粒子是热平衡的，辐射也是热平衡的，但两者之间不是热平衡的，达到热平衡尚需要一定的时间，由于引力作用，所以它们没有足够的时间达到热平衡。

然而，科学家对于宇宙热膨胀提出了疑问，把某些特定物理性质的解释都归结到宇宙初始时的情况是不能令人满意的。人们都希望宇宙不会有热死那一天，但一直没有找到解决热死假说的办法。

宇宙毁灭的类型

坍缩说。宇宙不断膨胀，直至某一天暗能量不足以继续推

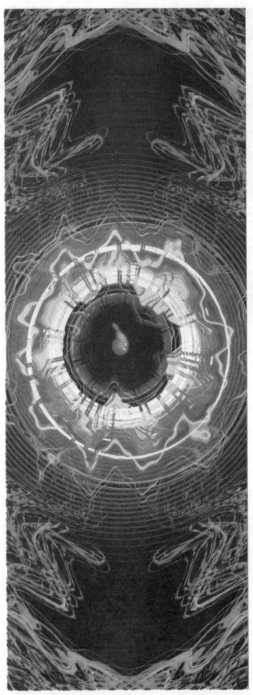

动宇宙继续加速膨胀，宇宙膨胀的速度变慢并最终走向停止膨胀，然后在星系间引力吸引之下再逐渐互相吸引，最终所有物质都吸引在一起，又回到原点。

热寂说。宇宙不断膨胀，直至某一天暗能量所推动的宇宙膨胀达到各星系间相对速度达到光速，各个星球间最终也达到光速，这样所有的光不再到达我们的眼中，我们所看到的星空就消失成完全的黑色，再扩张到最后，所有的原子也互相远离，物质变为均一的基本平均分散结构。目前这一学说被认可的可能性少。

时间停止学说。这种学说新兴起，但其理论很有趣。星系间红移是因为

时间也是在不断减速，所以导致我们观察到红移。因为暗能量没有被证实。这样，宇宙的加速膨胀实际上是时间的减速。若有朝一日时间减速停止，或者变得非常慢，宇宙就终结了。

小知识大视野 ◆◆◆◆◆◆◆◆◆◆◆◆◆◆

1950年前后，伽莫夫第一个建立了热大爆炸的观念。这个创生宇宙的大爆炸不是习见于地球上发生在一个确定的点，然后向四周的空气传播开去的那种爆炸，而是一种在各处同时发生，从一开始就充满整个空间的那种爆炸，爆炸中的每一个粒子都离开其他每一个粒子飞奔。

和谐的宇宙秩序

和谐的宇宙秩序

宇宙的运动规律与和谐似乎已成为一种万古不变的信条。从古希腊时期起，著名的毕达哥拉斯学派就提出了"美是和谐与比例"，进而指出，人类生活的宇宙正是由于这种和谐才演化至今天并且秩序井然的。也正是由于这种和谐，天体才应该是球形

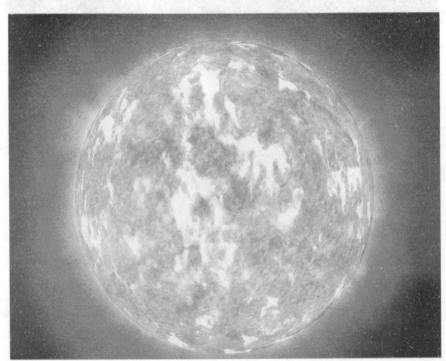

的，其运动也应该是圆周运动。

16世纪，哥白尼经过自己的观测，否定了传统的"地心说"，提出了"日心说"。他认为，以太阳为中心的这种宇宙模型既符合天体运动的规律，又体现了一种"美妙的和谐"。

后来，德国天文学家开普勒也非常推崇毕德哥拉斯的美学原则，把天体运动同音乐的音阶联系起来。牛顿从力学上对天体运动做了更深入的探讨，他提出了万有引力定律，不仅对运动的变化提出了更科学的解释，而且还指导天文学家发现了海王星。牛顿的万有引力定律体现出了，宇宙的秩序是如此的和谐。

现代天文学的研究

这种"先定的和谐"也影响着现代天文学的研究。著名的反

映宇宙膨胀的"宇宙大爆炸"假说非常具体地体现了"和谐"的原则，它以哈勃关于星系红移的观测事实为基础，并且预言了宇宙背景微波辐射的存在。这些都是宇宙和谐图景在大尺度宇宙空间上的再现。

现代物理学家爱因斯坦指出，宇宙这种先定的和谐可给人以美感和快感，是人类一切文学与艺术创作、毅力和耐心产生的源泉。

开普勒第三定律告诉我们，宇宙是和谐的；生命的历程见证了和谐常数的存在。和谐的宇宙孕育了和谐的生命，处于和谐生命金字塔顶端的人类也应该是和谐的！

长期以来，宇宙的和谐性已被人们普遍接受，但近年来却遭到了挑战。以美国麻省理工学院的科学家萨斯、天文学家威兹德姆为代表的一些人认为，整个太阳系根本无法预测，也许400万年后，牛顿学说就被证实是错误的。他们认为，在宇宙中存在一

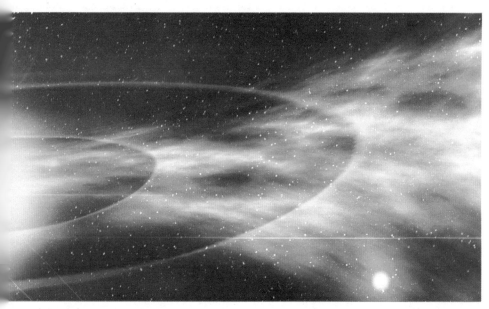

种现象，根据某种简单的法则预测，由于许多偶然的因素起作用会导致非常复杂和无规则的现象，这就是混沌现象。

那么，宇宙的主宰究竟是和谐还是混沌呢？这真是一个无法解释的谜。

小知识大视野

开普勒第三定律是指环绕以太阳为焦点的椭圆轨道运行的所有行星，其椭圆轨道半长轴的立方与周期的平方之比是一个常量，即K。开普勒第三定律也被称为调和定律。1619年，开普勒出版了《宇宙的和谐》一书，在书中介绍了第三定律。其中的K只与中心天体有关，与围绕其运动的行星无任何关系。简而言之，围绕同一天体运行的行星所计算出来的K相等。

太阳系内的新行星

冥外行星存在吗

自从1930年发现太阳系第九颗冥王星以后，轨道偏移问题仍然没有解决，因为天王星的计算轨道还是和实际观测到的不相符合。而海王星的计算轨道也只是符合近期，时间越长产生误差越大。天文学家们一直没有停止对第十颗行星的寻找，可是直至今天仍收效甚微。

"冥外行星"是否存在？从理论上说是有可能的。因为太阳的质量相当于九大行星质量总和的740倍，附近却只有9个行星，

这种结构不太合理。太阳的引力作用范围是很大的，大约应该可达到4500个天文单位，而冥王星最远距离太阳只有49个天文单位。因此推断，太阳系的边缘远在冥王星之外很远很远。在这片冥外空间，应该存在第十颗，甚至第十一颗行星。

发现新行星

美国加州理工学院天文学家麦克·布朗及其研究小组2005年7月29日称，他们在太阳系发现一颗新的行星。

这颗行星距离太阳约97天文单位，1天文单位为1.5亿千米，相当于太阳到地球的距离，3倍于冥王星到太阳距离，是迄今发现的太阳系中环绕太阳转动的最远的星体。其轨道为

椭圆形，环绕太阳周期是560年，最近点距太阳约53亿千米。

由麦克·布朗、双子座天文台学者查德·特鲁希略和帕洛马尔天文台学者戴维·拉比诺维茨组成的3人小组曾在2003年10月利用"奥辛"天文望远镜首次拍摄到这颗行星。此外，由于该星体表面温度低达零下405摄氏度，无法被"斯皮策"红外太空望远镜观测到，所以天文学家们认为它的直径应该小于2900千米。

新星能否被称为第十大行星

对这颗新发现的行星是否能被称为太阳系"第十大行星"，天文学界还存争议。自1930年冥王星被发现以来，很多人都曾宣称发现了第十大行星，但他们发现的天体没有一个直径是大于冥王星的。但此次的发现打破了这一纪录。事实上，天文学家目前对什么是行星也没有一个正式的定义，甚至有人认为如果冥王星在今天才被发现的话，或许也不会被定义为行星。

第十颗行星疑问

有天文学家曾经宣称发现了第十颗行星，并指出行星的距离、轨道、质量、位置和亮度，但多家天文台据此寻找，却怎么也发现不了，因而也不可能确认它了。1977年底，美国天文学家科瓦尔在天王星和土星之间发现一个环绕太阳运行的天体，后经天文学家半年多的努力观测，认为它还不够大行星的资格，基本上认为它只是一颗小行星，即"喀戎"小行星。现在，我们完全可以不借助已知行星的偏移来寻找新的行星了。空间探测器的精密仪器已经伸进了遥远的行星际空间。

小知识大视野

太阳系：就是我们现在所在的恒星系统。它是以太阳为中心，和所有受到太阳引力约束的天体的集合体——8颗行星，冥王星已被开除、至少165颗已知的卫星，和数以亿计的太阳系小天体。这些小天体包括小行星、柯伊伯带的天体、彗星和星际尘埃。广义上，太阳系的领域包括太阳，4颗像地球的内行星，由许多小岩石组成的小行星带、4颗充满气体的巨大外行星，充满冰冻小岩石，被称为柯伊伯带的第二个小天体区。

宇宙中的太阳系

新的太阳系的猜测

除了我们的太阳系以外，宇宙中还有第二个、第三个太阳系吗？茫茫无际的宇宙深藏着无数奥秘。

　　有人曾设想，除我们的太阳系以外，还应有第二个、第三个太阳系。可是另外的"太阳系"具体在哪里？这个长期以来争论不休的问题，随着织女星周围发现行星系，有人认为已经找到了宇宙中的第二个"太阳系"，为寻找宇宙中的其他许多"太阳系"提供了例证。

宇宙新太阳系观测

　　宇宙中的第二个"太阳系"是怎样发现的呢？

　　1983年1月，美国、荷兰、英国3个国家成功地发射了红外天文卫星。后来，天文学家们利用这颗卫星意外地发现天琴座主

星——织女星的周围存在类似行星的固体环。这次发现在世界上还是头一回。这一发现可以说是不同凡响的划时代的发现。

　　美国、荷兰、英国合作发射的卫星是世界第一颗红外天文卫星，主要用于探测全天的红外源，也就是对红外源进行登记造册。一般红外天文望远镜不能探出宇宙中的低温物体。因为大气中的水分和二氧化碳气体的大量吸收了来自宇宙的红外线及地球的热，又会释放互相干扰的红外线。红外天文卫星将装置仪器用极低温的液态氦进行冷却，所以才有了这次的发现。

织女星是新的太阳系吗

　　织女星距离地球26光年，是全天第四亮星。直径是太阳的2.5倍，质量约是太阳的3倍，表面温度约为 10000摄氏度，比太阳的表面温度约6000摄氏度高。织女星诞生于10亿年前，太阳诞生于45亿年前，相比之下织女星要年轻得多。地球大致是与太阳同时诞生的，若认为织女星的行星也跟织女星同时诞生，那么就可以

视它的行星处在演化的初期阶段。

东京天文台和红外天文卫星的发现看来可以说是行星形成过程中的不同阶段。深入分析和研究这两个不同阶段，以及更正确地描写织女星的行星像，无疑是当前世界天文学界所面临的一大课题。

 小知识大视野 ◆◆◆◆◆◆◆◆◆◆◆◆◆

织女星是一个椭球形的恒星，北极部分呈淡粉红色，赤道部分偏蓝。因其自转速度较快（织女星每12.5小时自转一周），所以整颗恒星呈扁平状，赤道直径比两极大了23%。织女星的直径是太阳直径的3.2倍，体积为太阳的33倍，质量为太阳2.6倍，表面温度为8900摄氏度，呈青白色。它是北半球天空中三颗最亮的恒星之一，距离地球大约26.5光年。

太阳的捣鬼

天空中的奇光

1989年春天，美国亚利桑那州基特峰国家天文台天文学家阿弗拉在一天夜间，突然夜空之中出现了一片红光。最初他还以为是森林着火映红了天空，瞬间满天红色又变成绿色的北极光，如一块巨大的幕布悬挂在天上。

　　阿弗拉所见的情景原来是太阳捣的鬼。太阳与地球大约1.5亿千米的距离，它的直径约为140万千米，大小约为地球的33.3万倍。这个巨大的星球的组成成分中，大部分是氢气，约占72％，氦占27％，其他物质占1％。

　　太阳核心的温度高达1500万摄氏度，每秒钟有6亿吨的氢在那里被聚变成氦，然后被送到太阳表面。太阳表面又叫光流层，那里的温度较低，只有5500摄氏度。

　　太阳悬浮在空中的天然核反应堆。它能释放惊人的能量是通过核聚变而产生。这些能量形成太阳上的风暴，高速粒子将能量的一部分带到太空中。当风暴吹向地球的时候，地球磁场因为受到它们的干扰而变成椭圆形。

太阳能的作用

太阳表面的能量还以可见光、紫外线和X射线的形式向地球辐射，它们的力量足以穿透地球的大气层，其功率竟高达100万千瓦。也就是说，地球上每平方米都受到来自太阳的能量1.35千瓦辐射，科学家把这个数字称为太阳常数。

有了太阳能，植物才能进行光合作用，才能生长；同时也因为这种太阳能储存在已经变成矿物燃料的古物中，从而为我们提供煤和石油。阳光给地球送来了热量，促使大气循环，海水蒸发，形成云和雨。

在大气层中，太阳能撞击两个氧原子组成的氧分子，将变成由3个氧原子组成的臭氧分子。臭氧层挡住了太阳的紫外线，另外一小部分透过臭氧层的紫外线，能使人的皮肤晒得黝黑，而且如果照射的时间太长，就会导致皮肤癌。

阳光是地球最稳固的热源，45亿年以来，它使地球温度控制在一定的范围之内。这对维持生命的存在是相当重要的，来自太阳的能量无论变多变少都会深刻影响到行星。

太阳之谜

人类对太阳的研究已有几千年的历史，直

至今天太阳还有许多秘密仍没有破解。人类将借助于未来的宇宙探测器去解开一些太阳之谜。

透过天文望远镜，人们看到太阳的表面是变化万千、广阔而又恐怖的景象：有的地方像是成荫的绿树林，有的地方像正在起火的大草原。

在半径为70万千米的太阳上，到处充满了氢，那里氢的密度是地球上水的1/1000。

"黏附"在太阳表面上不断抖动着的"微细纤维"，实际上是正在喷射到30万千米高处的数以10亿吨计的物质，那些竖立着的"骨针"是比喜马拉雅山还高的高山。太阳的活动与地球的气候直接相关，如热核反应等。

科学家还预测，等太阳上的氢消耗得差不多时，它将膨胀成

一个巨大无比的红色"气球"。

膨胀出的部分可以覆盖水星甚至金星，就算地球不至于被火葬，但强烈的热辐射也足以使海洋沸腾蒸干，地球上的生命都会灭亡。

不过，这场宇宙大劫难在50亿年内不可能发生，这就给科学家充足的时间去探索离我们最近的恒星的奥秘，寻找拯救地球生命的"诺亚方舟"了。

小知识大视野

太阳位于银道面之北的猎户座旋臂上，距离银河系中心约30000光年，在银道面以北约26光年，它一方面绕着银心以每秒250千米的速度旋转，周期大概是2.5亿年，另一方面又相对于周围恒星以每秒19.7千米的速度朝着织女星附近方向运动。太阳也在自转，其周期在日面赤道带约25天；两极区约为35天。

日月同升之奥秘

日月同升奇观

在离杭州82千米的海盐县南北湖风景区的鹰集顶上，见到的"日月并升"现象是个千古之谜。

这种现象不但在当地群众中世世代代流传，在明代古书上也有描述和记载。但是由于种种原因，这一天下奇景几乎湮没了千年。

直至1980年杭州大学的冯铁凝先生从古书中发现后，于当年的农历十月初一有幸见到了太阳和月亮并升的奇景。

日月并升原因

日月并升是一种什么现象呢？从这几年的出现过程看，有这样几种情况：

太阳先升起，月亮随即跃入日心。太阳升起不久，在太阳旁边出现一个暗灰色月亮，围绕着太阳跳来跳去。一会儿跃在太阳右边，一会儿跃在左边，一会儿落在上面，一会儿又落在下面。当月亮经过太阳时，太阳表面大部分被月亮遮盖，颜色变暗，未被遮没的部分就闪现出金黄色的月牙形状。

太阳和月亮重叠合为一体，同时从江海上升起。太阳直径比月亮稍大一点，太阳外圈显示出血红或青蓝色光环，或月影先在日轮中，后又跳出日轮，在太阳四周跃动。

月亮先出，几乎在同一直线上太阳随之出来，仿佛太阳托住月影一起跃动；月影先在日轮中，后又跳出日轮，在太阳四周跃动，阴影呈月牙形，月影在日轮中一起升起，并在日轮中跃动，直至月影消失。

解谜奇观

上述几种现象，有的与日食过程非常相似，但又显然不是。因为日食不会每年正好发生在农历十月初一，也不会仅发生在鹰窠顶一带。有人认为这大概是太阳光线的折射造成的假象。这种

现象在气象学中称为"地面闪烁"。

如果说是地面闪烁造成的假象，为什么一年一度只有在农历十月初一才会出现呢？鹰窠顶上到底有哪些得天独厚的条件，使人们能目睹这一奇景呢？日月同升是否就是中国史籍上所记载的日月合璧呢？这一切还没有科学的事实根据，只是一个未解之谜。

小知识大视野 ‧‧‧‧‧‧‧‧‧

日心：认为太阳是宇宙中心，地球和其他行星都绕太阳转动的学说，又称"日心地动说"或"日心说"，它是哥白尼提出的宇宙体系。从1980年至1985年所出现的日月并升现象，最短只有5分钟，最长有31分钟，一般为15分钟，而且各次出现的景观又不完全一致。

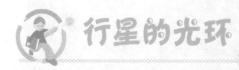

光环的发现

1610年，著名科学家伽利略在宇宙中发现了色彩美丽、排列匀称的光环，但并没有引起他的注意。直至1659年，荷兰科学家

才证实那个光环是土星的光环。

1979年，行星探测器飞近土星时发现，土星环由上千个环组成，由土星云层顶部一直延伸至32万千米处。后来，科学家们发现在85万千米以外还有一些外环。很长一段时间内，人们都认为只有土星有环围绕，但是到了1977年，科学家们发现天王星也有9个细环围绕，1986年又观测到一个环，这样天王星共有20个环。

1979年3月，科学家发现木星也有虽暗但却清晰可见的环。它们由一个较明亮的窄环和一个扁环形的晕环组成的。1989年，"旅行者2号"宇宙探测器飞近海王星，发现了海王星也有5条围绕它的环，有的环是完整的，有的则是环的一部分，即环弧。

其他行星也有环吗

太阳系内有4颗大行星有环围绕，这引起了中国天文学家的关注。很多人在设想，太阳系的其他行星，包括人类居住的地球，是否都有环围绕呢？

1964年，前苏联曾将两个人造卫星关入围绕地球的椭圆形轨道，卫星上装备有陨石微粒记录器，测量结果表明靠近地球也有一个稳定的、相当稠密的尘埃组成的环。

通过进一步的观测查明，它们是地球外围的几个与赤道平面倾斜度不同的圆环，由极细的尘埃粒子构成。尘埃环的高度为23.5千米至400万千米。随着远离地球表面的距离的增加，尘埃粒子的数量显著减少。

关于其他类地行星是否有环围绕，各国科学家们的意见不一，但都停留在推测上，并没有可靠的观测证据来证明。也许随着空间探测的进一步深入，宇宙会提供一些新的信息，但目前它还是一个无人能解的谜。

光环是怎样形成的

首先，行星本身所在空间的温度应足够低，以便能够保留大量的原始时期的颗粒物质。

其次，行星的质量也要足够大，使行星的洛希限控制的空间半经延伸得足够远，很显然，类地行星不具备这样的条件，因此它们没有光环，有光环的只能是类木行星等质量较大、距离太阳较远的行星，这就是行星的光环为什么只存在于类木行星周围的原因。

但是这只是一个基本原因，实际情况会因行星的情况不同而不同，木星由于质量大，引力收缩时期产生的热量多，导致驱逐了星体周围较多的剩余物质，形成的光环较窄，为石质的。

根据观测资料，天王星和海王星的光环为石质和冰质颗粒相间组成，环的宽度较大，内部的部分可能是由于单纯的洛希限作用形成的，而外围部分则可能是由于更远处的几颗大卫星的潮汐摄动造成的，这种摄动和木星对小行星带的摄动一样，将其轨道

内的大部分原始的颗粒物质拉出，使剩余物质不能再因自身的引力聚合起来形成较大的天体所致。

科学家的推断

早在1850年，法国数学家洛希就推断出：由行星引力产生的起潮力能瓦解一颗行星，或瓦解一颗进入其引力范围的过往天体。这种起潮力能够阻止靠近行星运转的物质结合成一个较大的天体。

据此，科学家们进行了3种推测：第一，由于卫星进入行星的洛希极限内，从而被行星的起潮力瓦解；第二，位于洛希限内的一个或多个较大的星体，被流星撞击成碎片而形成光环；第三，太阳系演化初期残留下来的原始物质，因为在洛希极限内绕太阳

公转，无法凝集成卫星，最终形成了光环。

不过，对于光环的成因科学家们目前还只是猜测而已。更令他们不解的是窄环的存在，根据常规，天体碰撞、大气阻力和太阳辐射都会对窄环造成破坏，使它消散在空间。

究竟是什么物质保护着窄环呢？一些学者提出，一定有未观测到的小卫星位于行星光环窄环的边缘，它们的万有引力使窄环得以形成并受到保护。

随着研究的深入，行星环为太阳系演化初期残留的某些物质绕行星公转这一观点受到了怀疑。如德国一位天体学家认为，在一亿年前，一颗小彗星与一颗直径96.56千米的土星卫星发生碰撞，从而形成土星环。

    对于神奇的行星光环，科学家们仍然不断提出新的推测和假说。然而，随着天文新发现的增多，行星光环反而显得更加神秘莫测了。

小知识大视野

    木星环系主要由亮环、暗环和晕3部分组成。环的厚度不超过30千米。亮环离木星中心约13万千米，宽6000千米。暗环在亮环的内侧，宽可达50000千米，其内边缘几乎同木星大气层相接。

类星体的存在

神秘的类星体

1960年，国外射电天文学家用当时世界上最大的望远镜观测到一个叫3C48的射电源。结果发现它是很暗的蓝色星。天文学上称它为类星射电源，简称类星体。

1963年，荷兰天文学家施密特，又发现了与3C48相类似的天体3C273，距离我们有23亿光年。

　　类星体是星系级天体，光度变化大，由此可以推断其直径只有几光周、几光日甚至一光日，是普通星系的几十万，甚至几百万分之一。但辐射的光能却相当于几百个甚至上千个星系的总和，其射电能量相当于星系的10万倍以上。

类星体的红移值

　　根据多普勒效应，当一个天体远离我们而去时，其光谱线向红端发生位移，光波频率会降低，波长会变长；红移量越大，此

天体逃逸速度越大，距离越远。恒星、星系发生这种红移现象时，移动的数值很小。可是类星体的红移量非常大，比恒星、星系的红移要大几百倍，甚至几千倍。

一个红移值高达6.68的类星体估计是在宇宙大爆炸后8亿年诞生的，它的光线在茫茫宇宙中不停地穿梭了130亿年，才到了地球被科学家们观测到。

1929年，哈勃提出红移的大小同星系与我们的距离成正比，红移越大，星系距离我们越远。类星体超大的红移表明它们极其遥远，按照哈勃定律，可以推测出这些天体远在几十亿光年，甚至上百亿光年以上。

最早发现的类星体3C273红移值仅为0.158，而它距我们也有

23亿光年。类星体远离地球时的速度大得惊人。有一颗类星体OQ72的红移值为3.53，离开地球的速度每秒钟高达27万千米。类星体的亮度极为惊人，如3C373亮度为12.8星等，如果把太阳放至类星体3C373的位置上，地球上的人们根本就观测不到。

类星体的新发现

如此"小"的体积内，要蕴含多少物质才能迸发出如此惊人的巨大能量呢？这用热核反应等理论远远不能解释。有人提出引力坍缩、正反物质湮灭等释放超巨量能量等假说；有人认为，类

星体中心有特大质量的黑洞，以每年若干个太阳的速率吞噬环绕它的物质；还有人认为那里每天都在爆发超新星。

更令人惊奇的是，类星体的速度居然超过了光的速度。自1977年以来，大量的测试证明，类星体3C373的内部有两个辐射源，并且它们还在相互分离，分离的速度竟高达每秒288万千米，是光速的9.6倍。这是错觉造成的，还是宇宙中存在着超光速运动呢？

科学家们经过研究发现，类星体的发光能力极强，比普通星系要强千百倍，因此获得了"宇宙灯塔"的美名。更令人吃惊的是，类星体的体积非常小，直径只有一般星系的10万分之一，甚至100万分之一。为什么在这样小的体积内会产生这么大的能量

呢？这一问题使科学家们兴趣倍增而又大伤脑筋。因此，种种假说便接踵而来。有人认为其能源来源于超新星的爆炸，并猜测其体内每天都有超新星爆炸。还有人推测类星体中心有一个巨大的黑洞。

正在天文学家们大伤脑筋之际，又发现一些类星体光谱中，不同吸收谱线中有各不相同的红移值，这就是多重红移现象。

后来，人们又发现了几个"超光速"的类星体。迄今为止，人类普遍认为光速是不能超越的，然而上述发现又是那样的奇特，实在让人百思不得其解。

近半个世纪以来，人们进行了大量观测、深入研究，已经取得了不少成绩，然而类星体的本质仍是一个未解之谜。

小知识大视野

根据美国天文学家哈勃在1929年总结出的规律可知，红移的大小同星系与太阳系的距离成正比，红移越大，星系距离太阳系也就越远。由此，可以推算出这些类星体远在几十亿光年甚至上百亿光年之外。换句话说，在这些类星体发光的时候，我们的太阳系还未形成呢，因为太阳系只有50亿年的历史。

宇宙产生的猜想

宇宙起源的传说

关于宇宙的起源，有一个传说：起初天地没有分开，活像一个大鸡蛋。在这个鸡蛋里睡着开天辟地的鼻祖盘古。盘古在鸡蛋里睡了18000年，并不断长大。

有一次盘古伸腿，蛋壳碰痛了他的脚趾，他疼醒了，发现自

己的四周被围，便找来神斧，对准一个薄弱处，奋力砍去，终于使蛋壳破裂，轻的东西向上飘，变成了天，重的东西向下沉，变成了地。位居天地之间的盘古一日九变，越长越高。

又过了18000年，天升到最高处，地降到最深处，盘古也长到了头，终于筋疲力尽，像山崩一样倒塌下来，他的肢体化成山岳，肌肉变成良田，血液化为江河，筋脉变成了大陆，齿骨变成矿物，皮毛变成草木。

宇宙形成的假说

神话终究是神话。科学家们为了揭开宇宙形成之谜进行大量研究，提出种种假说。20世纪20年代，国外天文学家勒梅特首先提出"宇宙是由一个非常小的物体爆发而成"的看法。20世纪40年代，物理学家乔治·伽莫夫把这个爆炸叫作

"大爆炸"，并建立了"宇宙大爆炸"学说。

这一学说认为，宇宙起源于一个温度极高、体积极小的原始火球。在距今150亿年至200亿年前，这个火球发生了大爆炸。随着空间膨胀、温度降低，原先的质子、中子等基本粒子结合成氘、氦、锂等元素，以后又逐渐形成星系、星系团，并逐渐形成恒星、行星，一些天体上还出现了生命现象，最后诞生了人类，宇宙初步形成。

大爆炸学说的解释

大爆炸学说可以解释较多的观测现象。例如，天文学家观测到远处的天体总是远离地球而去，这证明宇宙仍在膨胀。大爆炸学说预言，星系形成之前宇宙的结构应当是云团。这一巨大云团的发现证实了大爆炸学说的预言，通过对这一云团的观测，科学家可以进一步推测宇宙初期的情景。

而且，这一巨大云团的发现还证实了科学家的另一个预言，

即宇宙质量的90％存在于"暗物质"中。以往天文学家观测到的宇宙总质量远比理论上计算出的宇宙总质量要小得多，这些"消失"了的物质被称为"暗物质"。

"暗物质"的多少直接影响着宇宙的未来，如果宇宙总质量小于某一数值，那么它将一直膨胀下去；如果它的总质量大于这一数值，那么天体之间的引力将使宇宙停止膨胀，并且开始收缩，形成宇宙"大坍塌"，直至大爆炸前的状态。

 小知识大视野 ◆◆◆◆◆◆◆◆◆◆◆◆◆◆◆

爆炸宇宙论的创立标志着人类用科学的思辨推开了通向宇宙的门扉，成为人类文明史上的重要里程碑。

宇宙第五种力的研究

具有深远意义的实验

早在17世纪，伟大的意大利物理学家伽利略曾在比萨斜塔上做过一次具有深远意义的实验，让两个重量不等的铁球从同一高度自由下落，结果两个铁球同时着地。

伽利略得出结论是，任何物体，不管是一个铁球还是一根羽毛，如果在真空中自由下落，其加速度必然是一样的，因而必定同时落地。这一观点直接推动了伟大物理学家牛顿总结出关于力的运动的三大定律。而爱因斯坦的相对论也是在这一基础上提出来的。

可是，300多年来这一颠扑

不破的真理近来却受到了严重的挑战。一个以美国物理学家费希巴赫为首的科研小组经实验发现，不同质量的物体在真空中实际上并不具相同的加速度。费希巴赫推测，其原因很可能是在物体下落时除了受引力的作用外，还受到一种尚不为人所认识的作用。

多数科学家公认宇宙中存在着四种力：第一种是引力，它是一个物体或一个粒子对于另一个物体或一个粒子的吸引力，是四种力中最弱的一种；第二种力叫作电磁力，由于它的作用形成了不同的原子结构和光的运动；第三种是强相互作用力，它把原子核内各个粒子紧紧地吸引在一起；第四种是弱相互作用力，它使

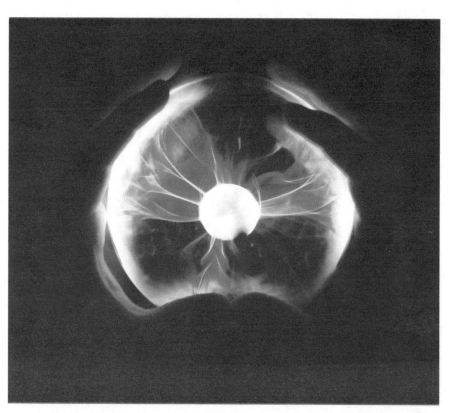

物体产生某种辐射。

又发现了一种力

按费希巴赫的看法，现在新发现的这种力应该是宇宙中的第五种力，它是一种排斥力，只能在几米到几千米的有限距离内对物体起作用。这可能是以一种"超电荷"形式出现的力。

从实验中可以推断出，"超电荷"抵消了一部分引力的作用，从而减缓了下落物体的加速度。减速的值取决于质子和中子的比，而且和原子的总质量、中子总数加上结合能值成反比。由于结合能的大小随原子而异，它所产生的这第五种力也就随结合能大小而异。

由此得出的结论是：两个体积不同的物体，如一个体积较小的铁块和一个体积较大的木块，即使它们的重量完全一样，也将因为它们结合能的不同而以稍稍不同的速度下落。铁原子的结合能要比木原子的结合能大，所以铁块下落的速度要比木块的稍慢。

第五种力是否存在

费希巴赫小组的新发现在科学界引起了极大的兴趣。同时，围绕是否存在着第五种力也展开了激烈的争论。

许多科学家在进行各种有关引力的实验时，也同样遇到了无法单纯以引力解释的现象，因此一些科学家提出了一些支持费希巴赫的证据。

但是，也有为数不少的科学家坚持声称，他们自己的实验表明还找不到存在新的力的证据。

美国加利福尼亚大学著名物理学家纽曼就做过这样一个实验：他把扭秤放在一个钢的圆筒内，让扭秤悬挂一块铜块，铜块刚好处于圆筒中心靠边的位置，然后使它变换不同的位置。整个实验是在真空环境中并且严格

排除磁场的影响下进行的。记录表明，钢圆筒的引力并没有使变动位置的铜块所受的重力产生影响。

面对双方都持有证据、又难说服对方的情况下，费希巴赫也承认，要做出定论还需要进行一系列的实验。已经有不少科学家正在摩拳擦掌，准备投入这场争论。

科学家的争论

美国舆论界认为，可能很快将掀起一个以现代先进技术重新证明伽利略论断和牛顿定律的高潮。

美国科罗拉多州的实验物理联合研究所计划重做伽利略的落体实验，并采用激光来监测物体下落的速度。他们准备把下落物体放在上一个盒子

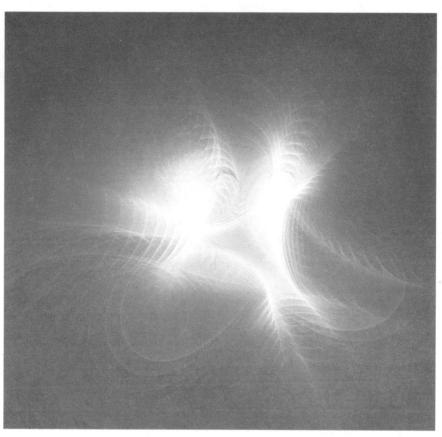

的真空轴内，以免在实验时受到气流的干扰，盒子下面装一面反射镜，可将光线沿射来的方向反射回去。盒子中还另有装置，以确保在下落时，盒子及所装的各种物体保持相对稳定。物体下落时，一束激光被分割为二，有一半射向盒子，被反射回来，与另一半会合产生出各种投影，从而可以更加准确地描绘出一个下落物体在速度增加时所受到的各种干扰情况。

美国华盛顿大学的物理学家则计划把诺特费思实验移到靠近一个巨大的悬崖峭壁的地方进行。以观察一个庞大物体的质量对原子核中具有不同结合能的物体究竟有多大影响。

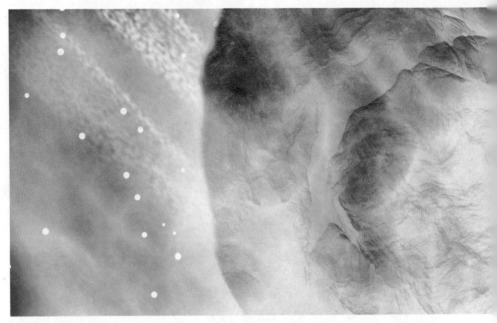

　　纽曼教授也准备重复他的扭秤试验，但将试验的铜块改成由两种不同材料各居一半的一个混合物，从而判断不同材料的物体下落时是否会有不同的速度。

科学家的推断

　　上述实验设想可以证明宇宙中确实存在着一种新的力吗？许多科学家并不感到乐观。美国普林顿大学的一位科学家指出，证明伽利略论断的实验"在原则上是最简单的，但是在实践中是最复杂的"。因为人们在实验中很难照顾到全部复杂的因素，以及排除各种外部干扰。

　　科学家们对第五种力可能带来的影响的想法也不一致。多数人认为这将是物理学上的一次"革命"，要动摇爱因斯坦相对论的理论基础，而且可能对今后物理学发展的方向以及新兴的航天

学都会产生重大的影响。但也有人认为，这第五种力充其量是一种极其微弱只能在局部范围起作用的现象，它不见得能动摇爱因斯坦的相对论。

小知识大视野

宇宙第一种力是引力，它是一个物体或一个粒子对于另一个物体或一个粒子的吸引力，是4种力中最弱的一种。

比萨斜塔是意大利比萨城大教堂的独立式钟楼，位于意大利托斯卡纳省比萨城北面的奇迹广场上。比萨斜塔在比萨大教堂的后面。

大爆炸宇宙的未来

宇宙的热寂状态

宇宙学家认为，宇宙的未来存在有两种图景：如果宇宙能量密度超过临界密度，宇宙会在膨胀到最大体积之后坍缩，在坍缩过程中，宇宙的密度和温度都会再次升高，最后终结于同爆炸开

始相似的状态即大挤压状态；相反，如果宇宙能量密度等于或者小于临界密度，膨胀会逐渐减速，但永远不会停止。

恒星的形成会因各个星系中的星际气体都被逐渐消耗而最终停止，恒星的演化最终导致只剩下白矮星、中子星和黑洞。这些致密星体彼此的碰撞会导致质量聚集而陆续产生更大的黑洞，但这个过程会相当缓慢。此后，宇宙的平均温度会渐近地趋于绝对零度，从而达到所谓的大冻结。

另外，倘若质子真像标准模型预言的那样是不稳定的，重子物质最终也会全部消失，宇宙中只留下辐射和黑洞，而最终黑洞也会因霍金辐射而全部蒸发。宇宙的熵会增加到极点，以至于再也不会有自组织的能量形式产生，最终宇宙达到热寂状态。

宇宙的大撕裂

现代观测发现，宇宙加速膨胀之后，人们意识到现今可观测的宇宙越来越多的部分将膨胀到我们的视界以外而同我们失去联系，这一效应的最终结果还不清楚。

实验表明，暗能量以宇宙学常数的形式存在，这个理论认为只有诸如星系等引力束缚系统的物质会聚集，并随着宇宙的膨胀和冷却到达热寂。对暗能量的其他解释，例如幻影能量理论则认为最终星系群、恒星、行星、原子、原子核以及所有物质都会在一直持续下去的膨胀中被撕开，即所谓大撕裂。

大撕裂的后果

有一些宇宙学家认为，暗能量密度可能会随空间增大而增大，暗能量被大多数人认为是恒定不变的，后来有人假设暗能量可能会变化。他们把这种暗能量称为幻能。在这种情况下，我们将会看到宇宙的一种极为惨烈的结局——大撕裂。在这种情景中，宇宙将越来越受到暗能量的控制，并且膨胀的加速度将会越来越大。

当出现这样的情景时，与大凄凉类似，任何留在地球上的观测者看到的星系将越来越少。随后，幻能将把被万有引力束缚在一起的天体剥离开来，宇宙中任何靠万有引力支撑的东西都将发生分裂，所有物质都将被撕碎。由于幻能的不断增加，在宇宙终结前大约一年，它将把我们的地球扯

离开太阳系。在宇宙终结之前一小时，幻能将撕碎地球。这就是大撕裂。据有关宇宙学家说，"大撕裂将来即使真的发生，也不会早于550亿年以后"。有的计算表明，大撕裂如果可能发生，它将发生在900亿年以后。

关于大撕裂的争论

大撕裂究竟会不会发生，以及什么时候发生，在宇宙学家中间还存在着激烈的争论。因为"假象能量"暗能量现在还未被充分的证据证明存在。现在他们正在对暗能量做深入的理论研究和观测测量，以确定它的密度究竟是在减小，还是保持不变，或者在不断增大。还或许像某些专家认为的那样，暗能量是可形式转换的。

2003年5月，美国新罕布什尔达特茅斯大学的物理学家罗伯特·卡德威尔提出了这种宇宙"壮烈"死亡的观点。卡德威尔

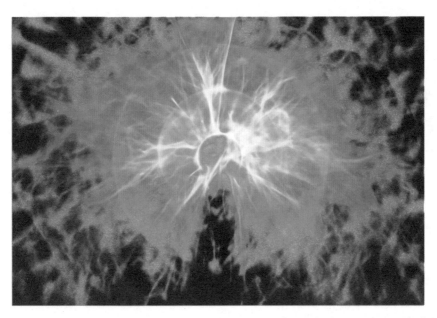

说，直至不久前，我们还认为宇宙可能有两种结局：向内收缩挤压崩溃，或者无限地膨胀，密度无限地稀释，现在我们认为可能还存在第三种可能，即"大撕裂"。宇宙将在数百数千亿年后毁于更为可怕的"大撕裂"。卡德维尔认为，到那时由宇宙暗能量质变生成的"幻能"将撕裂宇宙中的一切物质，哪怕是一颗微小的原子核。

小知识大视野 ◆◆◆◆◆◆◆◆◆◆◆

专家认为，在最极端的情况下，550亿年以后可能发生宇宙大撕裂，到时甚至连原子核也可能被撕开。银河系的破坏先于这种毁灭600万年，而原子在大撕裂前10秒至19秒钟内被撕成碎片。

宇宙大爆炸

关于宇宙常量

美国普林斯顿大学的波尔•施泰恩加德和英国剑桥大学的尼尔•图尔克这两名理论物理学家在2011年共同提出了一个理论，即宇宙大爆炸发生了不止一次，宇宙一直经历着"生死轮回"的过程，而人们所认为的140亿年前的宇宙大爆炸并非宇宙诞生的绝对起点，而是宇宙的一次新生。

太空奥秘解读

　　两位科学家是在对宇宙常量的大小计算中发现这个理论的。

　　科学界一直都试图解释的一个问题是，为什么自然界中的那么多常量的值都是那么刚好让生命存在？

　　所谓宇宙常量，是对真空中的能量的数学表述，并用希腊字母的第十一个字母"拉姆达"表示，这种能量也被认为是神秘的"暗能量"，而这种神秘能量正在让宇宙不断加速膨胀。

　　宇宙常量有多大是宇宙大爆炸发生次数的关键。

　　如果"拉姆达"太大，那么宇宙就会在大爆炸后立刻迅速膨胀并撑破，就像被吹爆的气球，

那么生命就不可能在百亿年后存在了。

一位宇宙专家曾经表示，"拉姆达"的值是物理学中最神秘的事物之一。它让人们非常的迷惑。

科学家的研究

科学界甚至出现了"人择原理"，即宇宙常量恰当地选择了人类生存，而人类也恰好选择了在这样一个常量条件下出现，现在人类又回头研究着为什么宇宙常量大小会刚好让人类生存。

为了找到"人择原理"之外合理的解释，波尔·施泰恩加德和尼尔·图尔克利用宇宙大爆炸模型计算宇宙常量，但得到的结果要比实际观测到的宇宙常量大得多，是实际值的10^{100}倍，也就是根本不适合现在宇宙中的生命生存。

宇宙常量的大小说到底还关系到人类的生存。因此波尔教授

和尼尔教授认为在宇宙大爆炸后宇宙常量，也就是"暗能量"都会随着时间的推移而减弱。

在经过进一步的计算后，他们发现140亿年根本不够将爆炸后的值减弱的现在这个值。剑桥大学的尼尔教授说："人们认为时间开始于那次大爆炸，但从没有一个合理的解释。而我们的推论看起来就非常的激进——在宇宙大爆炸之前是存在时间的。"

多次爆炸的理论

宇宙大爆炸不止一次发生，宇宙的年龄超乎科学家想象，两位科学家的理论颠覆了人们的"常识"，在人们常常猜想时间将止于何时的时候，他们又告诉了人们时间没有起点。

既然"拉姆达"的值在近140亿年中减弱到现在这个适合生命

存在的值，那么两位科学家就想到了宇宙大爆炸也许发生了不止一次，每一次的大爆炸都让宇宙常量有所减弱。在产生了现在我们生活的这个宇宙之前，很可能是在万亿年中宇宙大爆炸发生了很多次。

尼尔教授说："我想，宇宙的年龄可能远远大于万亿年。时间没有开始，根据理论宇宙的年龄是无限大的，而宇宙范围也是无限大的。"

宇宙进化轮回论

在2002年，这两位科学家就提出了宇宙进化经历着"生死轮回"的观点。宇宙就是在一次次大爆炸后重生，在每一次"轮

回"中，宇宙都在膨胀中消耗原有物质，在宇宙常量减弱时也会产生一些新粒子，直至另一次大爆炸的到来，然后新粒子又形成了新物质、天体乃至生命。

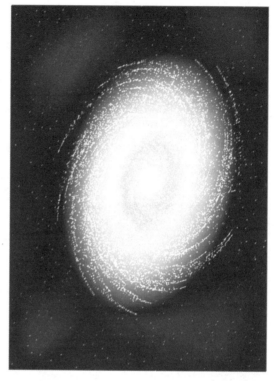

如果这两位科学家的假设是正确的，那么下一次的大爆炸将在什么时候到来？

尼尔教授说："不论计算多么准确，人们都无法预料到下一次大爆炸的时间，但可以说的是，下一次的大爆炸不会在之后的100亿年内发生。"

小知识大视野

一般认为，宇宙产生于150亿年前一次大爆炸中。大爆炸后30万年，最初的物质涟漪出现。大爆炸后20亿至30亿年，类星体逐渐形成。大爆炸后100亿年，太阳诞生。38亿年前地球上的生命开始逐渐演化。

宇宙里的生命研究

生命是从哪里来呢

这是每个人都会想到的问题，也是科学家最关切的问题。对这个问题，科学家们给予了不同的假说。

早在19世纪末，人们通过一系列实验证明在正常条件下生命不可能从无生命物质转化而来。既然证明生命自然发生说是无稽之谈，于是有人把视线转向了宇宙空间。

1907年，瑞典著名的化学家阿列纽斯主张，宇宙中一直就有生命。"生命穿过宇宙空间游动，不断在新的行星上定居下来。生命是以孢子的形式游动的，孢子由于无规则运动而逸出一个行星大气，然后靠太阳光的压力被推向宇宙空间里"。

其他科学家也证明了这种压力的存在。因为在宇宙中类似太阳这样的恒星多得很，故类似太阳的恒星光是处处存在的。

如此说来，产生生命推动孢子运动的光压力在宇宙中客观是存在的，且很普遍。

孢子是生命的种子

阿列纽斯认为，孢子在星际空间里被光辐射推着往前走，直至它掉到或落到某个行星上，在那里它就能发展成活跃的生命。如果那个行星上已有生命，它就和他们竞争；如果还没有生命，

但是条件具备，它就在那里定居下来，使这个行星有了生命。

阿列纽斯还认为，孢子有着厚厚的外衣保护，所以其有很强的生命力，足以忍受住遥远的、寒冷的、没有水分和营养的星际旅途的各种艰难，而不丧失其复苏的能力。一旦由于纯粹偶然的原因，这些宇宙间的"流浪汉"来到了一个适宜生长的环境，便开始征服这个星球。

阿列纽斯的理论一度得到许多学者的支持。但是，由于他主张生命在宇宙中是永恒的，并且一直就有的，这就抹杀了生命有过起源的问题，把生命起源的探索推向不可追溯、不可认识的唯心领域，甚至为神创论者所利用。

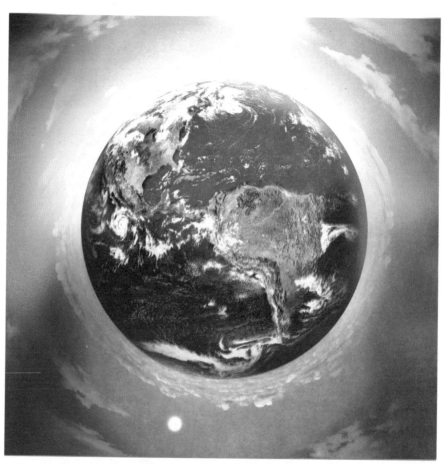

生命起源的研究

科学的发展往往是曲折迂回的。多年来，一系列发现又重新唤起了人们对生命天外来源说的热情。

首先，人们注意到地球上的生命尽管种类庞杂，但它们却具有相似的细胞结构，都由同样的核糖核酸组成遗传物质，由蛋白质构成活体。这就使人们不能不问，如果生命果真是在地球上由无机物进化而来，为什么不会产生多种的生命模式呢？

其次，还有人注意到，稀有金属钼在地球生命的生理活动中具有重要的作用。然而，钼在地壳上的含量却很低，仅为0．0002％。这也使人不禁要问，为什么一个如此稀少的元素会对生命具有如此重要的意义？地球上的生命会不会本是起源于富含钼元素的其他天体里？

再次，人们还不断地从天外坠落的陨石中发现有起源于星际空间的有机物，其中包括构成地球生命的全部基本要素。与此同时，人们也发现在宇宙的许多地方存在着有机分子云。这使许多人深信，生命绝不仅仅为地球所垄断。

最后，一些人还注意到，地球上有些传染病常周期性地在全球蔓延，如流行性感冒。而其蔓延周期竟与某些彗星的回归周期吻合。于是这使他们有理由怀疑，会不会有些传染病病毒来自彗

星。如果这是可能的，那么当然也不会排斥有其他的生命孢子的传入。

生命起源的论证

近代对生命天外起源说的最重要支持来自两个实验。

早在19世纪末，人们注意到来自宇宙的星光在到达地球的途中，因被星际物质吸收造成星光减弱。近代利用人造卫星研究发现，把来自宇宙的星光展成光谱，发现在红外区域和紫外区域均有吸收带。人们认为，吸收带是石墨构成的宇宙尘，也有人认为是硅酸盐尘，还有的认为是带有苯核的有机物，但实际模拟的结果却将其一一否定。

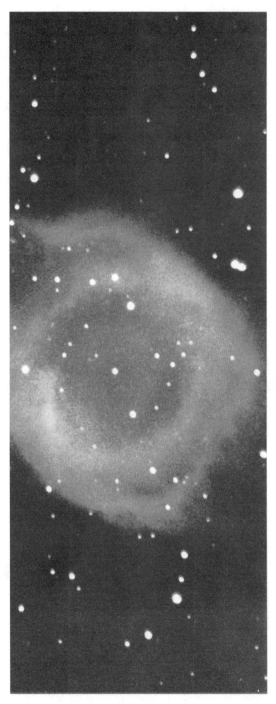

不久前，英国加迪夫大学教授霍伊尔重新进行研究，他的假定宇宙中充满了微生物，正是微生物造成了星际消光。根据这一设想，他用大肠杆菌进行模拟试验，结果在紫外区域0.22微米的波长范围里，找到了与星光相吻合的吸收带。另一个实验是对生命在宇宙空间存活能力的研究。

1985年，彼得·威伯做了一项实验。他把枯草杆菌置于模拟的宇宙环境中进行紫外照射。结果发现枯草杆菌具有极强的耐受能力，有10％可存活几百年的时间。他指出，这种"云"足以在显著短于枯草杆菌平均存活时间的范围内，从这个星球移向另一星球从而把生命的种子撒向四方。

经过多方的论证，生命起源于天外的学说已经取得了人们的重视。当然，无论生命来自哪里与上帝毫不相干，只不过是一种

白然现象。这也有助丁人们在寻找无机物生成有机物的条件时，不再只从地球上寻找，而是关注宇宙的环境和条件。

小知识大视野

孢子是生物所产生的一种有繁殖或休眠作用的细胞，能直接发育成新个体。孢子一般微小，单细胞。孢子有性别差异时，两性孢子有同形和异形之分。前者大小相同；后者在大小上有区别，分别称大小孢子、小孢子，并分别发育成雌、雄配子体，这在高等植物较为多见。

宇宙暗物质

暗物质的提出

暗物质被认为是宇宙研究中最具挑战性的课题，它代表了宇宙中90%以上的物质含量，而我们可以看到的物质不到宇宙质量的10%。1957年，诺贝尔奖的获得者李政道更是认为其占了宇宙

质量的99%。暗物质无法直接观测得到，但它却能干扰星体发出的光波或引力，其存在能被明显地感受到。科学家曾对暗物质的特性提出了多种假设，但直至目前还没有得到充分的证明。

几十年前，暗物质刚被提出来时仅仅是理论的产物，但是现在我们知道暗物质已经成为了宇宙的重要组成部分。暗物质的总质量是普通物质的6.3倍，在宇宙能量密度中占了1/4，同时更重要的是暗物质主导了宇宙结构的形成。

暗物质的本质现在还是个谜，但是如果假设它是一种相互作用亚

原子粒子的话，那么由此形成的宇宙大尺度结构与观测相一致。不过，最近对星系以及亚星系结构的分析显示，这一假设和观测结果之间存在着差异，这同时为多种可能的暗物质理论提供了理论依据。通过对小尺度结构密度、分布、演化，以及其环境的研究可以区分这些潜在的暗物质模型，为暗物质本性的研究带来新的曙光。

暗物质存在的证据

大约65年前，人类第一次发现了暗物质存在的证据。当时，弗里兹·扎维奇发现，大型星系团中的星系具有极高的运动速度，除非星系团的质量是根据其中恒星数量计算所得到的值的100倍以上，否则星系团根本无法束缚住这些星系。

之后几十年的观测分析证实了这一点。尽管对暗物质的性质仍然一无所知，但是到了20世纪80年代，占宇宙能量密度大约20%的暗物质已被广为接受了。在引入宇宙膨胀理论之后，许多宇宙学家相信我们的宇宙是平直的，而且宇宙总能量密度必定是等于临界值的。

与此同时，宇宙学家们也倾向于一个简单的宇宙，其中能量密度都以物质的形式出现，包括4%的普通物质和96%的暗物质。但事实上，观测从来就没有与此相符合过。虽然在总物质密度的估计上存在着比较大的误差，但是这一误差还没有大到使物质的总

量达到临界值，而且这一观测和理论模型之间的不一致也随着时间的变化变得越来越尖锐。

暗能量的作用

当意识到没有足够的物质能来解释宇宙的结构及其特性时，暗能量就出现了。

暗能量和暗物质的唯一共同点是它们既不发光也不吸收光。从微观上讲，它们的组成是完全不同的。

更重要的是，像普通的物质一样，暗物质是引力自吸引的，而且与普通物质成团并形成星系。而暗能量是引力自相斥的，并且在宇宙中几乎均匀地分布。

所以，在统计星系的能量时会遗漏暗能量。因此，暗能量可以解释观测到的物质密度和由暴涨理论预言的临界密度之间70%～80%的差异。

之后，两个独立的天文学家小组通过对超新星的观测发现，宇宙正在加速膨胀。由此，暗能量占主导的宇宙模型成为了一个和谐的宇宙模型。最近，威尔金森宇宙微波背景辐射各向异性探测器的观测也独立地证实了暗能量的存在，并且使它成为了标准模型的一部分。

暗能量同时也改变了我们对暗物质在宇宙中所起作用的认识。按照爱因斯坦的广义相对论，在一个仅含有物质的宇宙中，物质密度决定了宇宙的几何，以及宇宙的过去和未来。加上暗能量的话，情况就完全不同了。

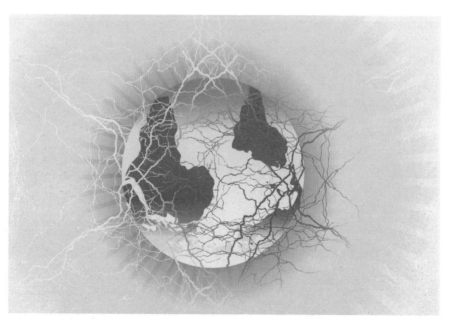

首先，总能量密度决定着宇宙的几何特性。其次，宇宙已经从物质占主导的时期过渡到了暗能量占主导的时期。大约在"大爆炸"之后的几十亿年中暗物质占据了总能量密度的主导地位，但是这已成为了过去。现在我们宇宙的未来将由暗能量的特性所决定，它目前正使宇宙加速膨胀，而且除非暗能量会随时间衰减或者改变状态，否则这种加速膨胀态势将持续下去。

促成宇宙结构的形成

　　不过，我们忽略了极为重要的一点，那就是正是暗物质促成了宇宙结构的形成，如果没有暗物质就不会形成星系、恒星和行星，也就更谈不上今天的人类了。宇宙尽管在极大的尺度上表现出均匀和各向同性，但是在小一些的尺度上则存在着恒星、星系、星系团、巨洞以及星系长城。而在大尺度上能过促使物质运动的力就只有引力了。但是均匀分布的物质不会产生引力，因此

今天所有的宇宙结构必然源自于宇宙极早期物质分布的微小涨落，而这些涨落会在宇宙微波背景辐射（CMB）中留下痕迹。然而普通物质不可能通过其自身的涨落形成实质上的结构而又不在宇宙微波背景辐射中留下痕迹，因为那时普通物质还没有从辐射中脱耦出来。

不与辐射耦合的暗物质，其微小的涨落在普通物质脱耦之前就放大了许多倍。在普通物质脱耦之后，已经成团的暗物质就开始吸引普通物质，进而形成了我们现在观测到的结构。因此这需要一个初始的涨落，但是它的振幅非常非常的小。这里需要的物质就是冷暗物质，由于它是无热运动的非相对论性粒子而得名。

小扰动谱与其指数

在开始阐述这一模型的有效性之前，必须先交代一下其中最后一件重要的事情。对于先前提到的小扰动（涨落），为了预言其在不同波长上的引力效应，小扰动谱必须具有特殊的形态。为此，最初的密度涨落应该是标度无关的。

也就是说，如果我们把能量分布分解成一系列不同波长的正弦波之和，那么所有正弦波的振幅都应该是相同的。暴涨理论的成功之处就在于它提供了很好的动力学出发机制来形成这样一个标度无关的小扰动谱（其谱指数n=1）。WMAP的观测结果证实了这一预言，其观测到的结果为n=0.99±0.04。

但是如果我们不了解暗物质的性质，就不能说我们已经了解了宇宙。现在已经知道了两种暗物质——中微子和黑洞。但是它们对暗物质总量的贡献是非常微小的，暗物质中的绝大部分现在还不清楚。这里我们将讨论暗物质可能的候选者，由其导致的结

构形成，以及我们如何综合粒子探测器和天文观测来揭示暗物质的性质。

最早提出证据并推断暗物质存在的科学家是美国加州工学院的瑞士天文学家弗里茨·兹威基。

2006年，美国天文学家利用钱德拉X射线望远镜对星系团1E 0657-56进行观测，无意间观测到星系碰撞的过程，星系团碰撞威力之猛使得黑暗物质与正常物质分开，因此发现了暗物质存在的直接证据。

小知识大视野

暗物质的属性。天文物理学家通过对暗物质的长期研究提出了以下属性：一是宇宙星团暗物质的存在性，二是宇宙基本暗性粒子存在性，三是低温无碰撞暗物质性，四是中性子，五是原质起源论，六是轴子理论，七是原质起源论，八是不一致性。

100亿光年外暗物质星系

质量最小的天体

2011年初，天文学家们探测到一个远在100亿光年之外的"伴星系"，它属于一个所谓的"暗矮星系"类别。这是迄今为止在这一距离上探测到的最小质量天体。

科学家们认为这一星系中含有神秘的暗物质。这一发现将为

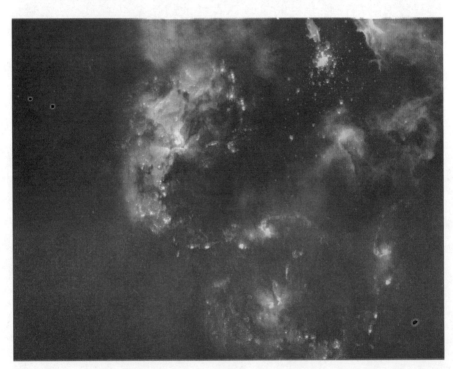

天文学家们提供重要线索，帮助他们理解宇宙最初是如何逐渐构建起自身结构的。这是迄今为止在我们所观测宇宙范围内发现的第二例此类星系，也是目前距离我们最遥远的一例。

　　天文学家们认为，我们银河系这类大型星系正是在数十亿年的漫长时间内逐渐由这些小型的星系聚合而成的。但是天文学家们此前却一直未能如预料的那样找到更多此类卫星星系或者遥远的此类星系。但即便现在找到了两个这样的星系，其数量还是明显得太过稀少。这种情况迫使天文学家们不得不开始设想这类星系中必定仅含有少量的恒星，而其大部分质量则由暗物质构成。这项由美国麻省理工学院的博士后研究员参与的研究工作似乎证实了这一点：此次发现的这一星系是一个伴星系，这就意味着它是一个更大规模星系的卫星星系。

科学家的研究

西莫那·维戈提是麻省理工学院物理学院研究员，也是《自然》杂志上介绍这一工作的相关论文的第一作者。他说："出于某些原因，这些星系中未能形成很多恒星，甚至没有形成任何恒星，因此看起来一直是黑的。"

科学家们确信宇宙中存在着看不见的暗物质，因为只有这样才能解释实际观测到的数据。据计算显示，我们所观测到的宇宙物质实际仅占整个宇宙质量的很小一部分，另外一大部分物质我们看不到，即所谓的暗物质。

科学家们计算后认为暗物质大约构成宇宙成分的25%，但是由于组成暗物质的神秘成分不吸收也不发射光线，因此我们一直到目前为止都无法探测到它或是确认其状态。

计算机模拟显示，我们的银河系应当至少拥有10000个伴星系，但是到目前为止我们只发现了其中的30个。维戈提说："很有可能其中的很多伴星系是由暗物质构成的，这样我们就无法探测到它们的存在，如果不是这样，那么我们有关星系形成的理论或许就存在问题了。"

于是研究小组转而向更深远的宇宙空间展开暗物质伴星系的搜寻工作，他们使用了一种名为"引

力透镜"的方法。要想使用这种方法，研究人员首先需要找到两个位于同一视线方向上的星系。较为遥远的那个星系发出的光会被较近的那个星系的引力场扭曲，从而实际上起到一个凸透镜的效果。通过对这些受到前景星系偏折的星光的分析，研究人员们可以确定在其周围空间是否存在伴星系，以及该伴星系的质量大小。科学家们使用位于夏威夷的凯克望远镜进行观测，这一口径达10米的巨型望远镜拥有先进的自适应光学系统，可以拍摄比空间望远镜的高清晰度图像。

科学家的猜想

现在小组正打算采用同样的方法在空间中搜寻更多类似的伴星系，他们相信这一研究工作最终得到的结果将可以帮助他们去

证实或者挑战现有的有关暗物质行为理论的观点。

维戈提说："现在我们已经找到了一个暗物质伴星系，那么设想一下，如果我们无法找出更多此类伴星系，那么很显然我们可能将需要修改有关暗物质性质的理论了。"

他说："或者，我们或许将可以找到许多这类伴星系，正如我们在计算机模拟中看到的情形那样，如此一来就证明了我们目前有关暗物质性质的理论观点是正确的。"

小知识大视野

伴星系：星系也和单个的星星类似，常常三五成群地聚在一起。与双星、聚星和星团类似，我们称他们为"双重星系""星系群"和"星系团"。对于双重星系，把较大的叫作主星系，较小的称为伴星系。

天文科学丛书

陨石中的氨基酸

南极洲的陨石

从太空落到地球上的陨石，如果有落入南极的，就会被严严实实地深埋在冰雪之下。因此，它们不会风化变质改变它那原始的面貌，因此也倍受科学家的重视。

南极洲的陨石非常丰富，近20年来，科学家已经在那里发现

了五六千块陨石，大大超过了其他各洲数千年来采集到的陨石数的总和。

1980年，美国科学家对南极维多利亚地区的阿伦丘陵地带的一块陨石进行检验，在切割时发现它异常坚硬，连锯条对它都毫无作用，于是便对其中的一小块进行金相学和衍射分析。

检验结果表明，这块陨石内含有金刚石、郎士德珊瑚石和石墨。以前在陨石中尚未发现过金刚石晶体，但这些陨石中的金刚石是怎么形成的呢？

南极为何是陨石宝库

在南极冰盖的某些地区，为什么能有大量的陨石被集中地发现呢？是不是在南极从天而降的陨石特别地多呢？其实，在世界

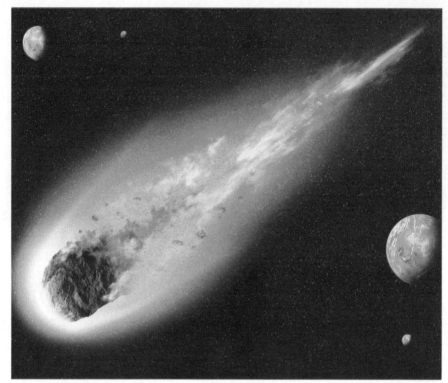

各地，陨石出现的可能性是大致相等的，只不过降落在南极的陨石更加容易保存下来，并且非常容易被冰盖考察的科学家发现罢了。

降落在南极冰盖上的陨石会深深地钻入冰面以下，由于南极寒冷洁净的自然条件，所以这些陨石被很好地保护起来，并随着冰川的流动而运动。当冰川遇到内陆山脉和冰盖下隐蔽的山脉时，由于受到冰下地形的影响，冰被拦阻后不断上升，表层冰雪不断升华，有些地区冰的抬升速度和升华速度大约是0.1米，使冰中的陨石距离冰面越来越近，埋藏也越来越浅，最终暴露在冰雪的表面，并逐步集积在阻挡冰流的山脉处。

在南极冰盖纯白色的冰面上，这些黑褐色的陨石是非常显眼的，甚至在很远处就可发现。存在南极冰盖中的陨石随冰雪的流动被一同推往大海的方向，其中绝大多数陨石将最终掉入大海，被人类发现的只是其中极小的一部分。

研究南极陨石

科学家在对南极陨石的研究中，还发现了几块高含量的碳质

球粒陨石，其中含有两种氨基酸。一种是地球生物体上存在的氨基酸，另一种是地球自然界中未曾发现过的。于是，有些人对这个重要发现提出怀疑。

科学家认为，这些氨基酸很可能是受地面污染后产生的。有人很早就提出，如果南极陨石上真含有氨基酸，地球上的生命或许就是当年这些陨石携带进来的有机物质在海洋里经过亿万年的化学变化过程而诞生的。而地球外有氨基酸的存在，说明地球外

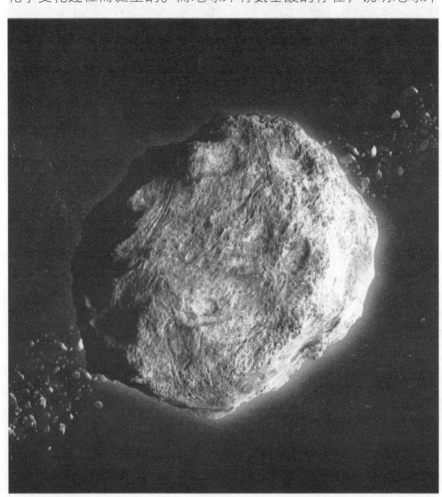

一定有外星生命和外星人的存在。

南极陨石中存在的奥秘或许就是地球生命起源的奥秘吧！

小知识大视野

中国第十五次、第十六次、第十八次南极考察队分别于1999年、2000年和2002年3次组织格罗夫山地区综合考察，在位于南极冰盖深处的格罗夫山地区，总共发现了4482块珍贵的"天外来客"南极陨石，不仅填补了我国在此项研究领域的空白，而且使得中国的陨石库在世界排名第三。

大气闹鬼之谜

尼龙袜子不见了

这是10多年前在印度尼西亚的茂物市发生的一件怪事。

雷声隆隆,大雨滂沱。一位衣着时尚的姑娘躲在露天舞厅旁避雨,嘴角还不时地唱着流行歌曲。过了一会儿,雷停雨止,姑娘高兴极了。她正准备离开,突然尖叫一声,朝对面的更衣室跑

去，街上的所有行人看到她的样子也都惊呆了。原来，这位姑娘穿在身上的尼龙连衣裙和尼龙袜子突然不见了。可是，她周围的人并没有发现什么情况，只是闻到一股怪味。

无独有偶，类似的奇怪现象在美国也发生过。一个炎热的夏天，在纽约的一个建筑工地上，工人们正在汗流满面地紧张施工。忽然，一名女工大喊大叫起来，说她穿在脚上的尼龙袜子不见了。其他女工也都喊叫了起来，原来她们穿在脚上的袜子也都不见了。这件事一时成为头条新闻。

都是雷雨惹的祸

难道闹鬼了吗？不是的！原来，茂物市是世界上雷雨最多的地方，平均每年有雷雨日332天，素有"雷都"之称。雷电发生时产生的电火花，既可使空气电离，又可使空气激化，像化学实验

中的爆炸一样，这样必然产生气体的化合、分解等反应。

茂物市处在雷雨"高压坝"的控制之下，而且在低空200米至300米处存在一个很厚的逆温层，这就像一个盖子把茂物市笼罩起来。人们闻到的怪味经分析是氮氧化物，并且达到了很高的浓度。

科学家的实验

印度尼西亚国立大学实验室里曾做了这样一个实验：在大型玻璃容器中放入尼龙丝和尼龙衣袜，再从贮气瓶通入二氧化氮，几分钟后就看到尼龙丝和尼龙衣袜开始消融，10多分钟后发现在尼龙衣物周围有很多豆浆状的黄色残物，衣物已变得破烂不堪了。经过反复实验，人们终于揭开了年轻姑娘尼龙衣袜不翼而飞的谜底：因为雷雨天气中雷电会产生大量的氮氧化物，这些污染物达到一定浓度时，天气很闷热，而且又处在高温高压的逆温层

控制下，于是就出现了尼龙衣袜被分解消失的奇怪现象。

　　下面再说说纽约女工尼龙袜子不见了的原因。因为那天工地正大量使用硝化炸药，炸药爆炸时产生了大量的氮氧化物。当时纽约也处于高温高压的形势下，低空也存在一个很厚的逆温层，使污染物达到了很高的浓度，于是尼龙袜子便被分解消失了。

小知识大视野

　　分解反应是化学反应的常见类型之一，是化合反应的逆反应。它是指一种化合物在特定条件下，如加热、通直流电、催化剂等，分解成两种或两种以上较简单的单质或化合物的反应。

氧气真的用不完

氧气是什么

氧气是空气的组分之一，无色、无臭、无味。氧气比空气重，在标准状况下密度为0.0014千克/升，能溶于水，但溶解度很

低。在压强为101千帕时，氧气在约零下180摄氏度时变为淡蓝色液体，在约零下218摄氏度时变成雪花状的淡蓝色固体。

氧气是动物、植物生存不可缺少的气体。一个人每天吸入的氧气在590升以上，体力劳动者需要的就更多了。美国、加拿大的科学家还发现，在太阳的作用下，地球大气每年要损失500万吨氧，那么我们为什么没感到缺氧呢？空气中的氧气大约占1/5，氧是地球上最多、分布最广的元素。据统计，在地壳中的氧几乎占地壳总重量的一半。

地球上氧气的来源

地球上氧气的来源，人们一直认为是绿色植物光合作用放出的氧不断补给了大气。其实，海洋也是一个巨

大的氧气仓库，因为水的分子是由一个氧原子和两个氢原子组成的，氧占水的总重量的89％，而地球的表面有3/4是被水覆盖着。

不仅如此，北极和南极的冰山以及高山上的冰川也是固态的水。在动植物体内，总重量的一半是水。一个体重为70千克的人，约含40千克的水，在这么多水中氧约为36千克。沙子中含53％的氧，在黏土里含65％的氧，在石灰岩里含48％的氧，绝大部分矿物也都是氧化物。

海洋是个氧气库

近年来，科学家们发现，地球上氧气的来源仅有10％是由陆地上的绿色植物提供，而有90％的氧气来自海洋和地球地壳深处。前苏联科学家指出，海水在阳光照射下也能像植物一样进行

光合作用。热带地区的海洋一年四季都可以放出氧气。其中印度洋和大西洋放出氧气最多，而太平洋的深水层却相反地吸取大气中的氧气。

海洋中一种极细小的海藻是氧气的提供者，它们每年能够向大气提供大量的氧气，并净化着大气。如果海洋干枯或者海藻全部毁灭，地球上的人类和所有其他生物都会因缺氧而死亡，这说明了海洋产生氧气的重要性。

前苏联地质学家瓦西里·普加特夫博士提出，随着海水深度增加，其含氧量逐渐减少。可是，当到了一定深度以后，海水中的含氧量又会重新增加，而且越往下越多，靠近海底的水，氧气就会处于过饱和状态。这种氧气是从海底断层、海底火山中随岩浆流出而大量溢出。这种氧气过饱和的海水向大气释放氧气。也就是说，大气中氧气的主要来源不是以往人们认为的植物而主要是海洋中的海

藻和地壳深处。

太阳的作用

海洋产生氧气的另一个途径是由于太阳的作用。根据美国宇航员留在月球上的遥感观测装置取得的最新资料证明,阳光不仅能使海水急剧蒸发,而且还能把大气高层中的海水蒸气分解为氢气和氧气。因为氧气密度较大,会重新回到地球表面,从而增加空气中氧气的含量。

通过上面的介绍不难明白,尽管空气中每时每刻都有大量的氧气被消耗掉,但是又有植物光合作用及海洋海藻、地壳深处放出大量的氧,太阳又使水蒸气分解产生氧。这样,氧气的来源广泛且不断,地球保持着大气中氧气的收支平衡,使氧气占

大气含量按体积计算基本保持在1/5左右。所以，地球上的氧气是用不完的。

小知识大视野

氧气的化学性质比较活泼。除了稀有气体、活性小的金属元素如金、铂、银之外，大部分的元素都能与氧起反应，这些反应被称为氧化反应，而经过反应产生的化合物有两种元素构成，且一种元素为氧元素，被称为氧化物。液氧是现代火箭最好的助燃剂，在超音速飞机中也需要液氧做氧化剂，可燃物质浸渍液氧后具有强烈的爆炸性，可制作液氧炸药。

臭氧层出现破洞的真相

臭氧层上的大"窟窿"

　　数年前，有科学家惊奇地发现，在南极大陆上空的大气同温层中的臭氧层出现了一个神秘的大"窟窿"，臭氧层对人类的生

存是极其重要的，没有臭氧层，地球上的一切生灵将如同"热锅上的蚂蚁"一样。

美国一位科学家认为，臭氧层破洞的产生原因是，南极上空的氯原子在演化物的催化下破坏了臭氧分子，从而使臭氧层出现破洞。

美国另一位科学家认为，南极同温层中有大量独特的极地同温云，其中的某些物质会促使臭氧分解，导致破洞的出现。他还认为，可能是氟氯化碳"吞噬"了臭氧。后来，有的科学家证实，有云的地方臭氧损失较多，而没有云的地方臭氧损失不明显。

臭氧洞真的能补上吗

由于氯原子对臭氧有极大的破坏作用，所以美国加利福尼亚大学的沃思教授提出：从陆地向高空发射强大

的电波，利用电场加速高层空间的微量等离子中的电子运动，靠冲击电离使电子增殖，增殖的电子可使氯原子通过吸收电子转变为带负电荷的氯离子。由于臭氧本身具有较强的正电性，容易变成负离子，因此二者相互排斥，难以结合，这样就减少了氯原子对臭氧的破坏作用。

国外还有人提出利用照射人工光束来修复臭氧层。具体作法是利用可产生强烈光线的激光器放射波长为157纳米的紫外线，把氧分子分解成氧原子，进而使臭氧大量增加。但从陆地向高空

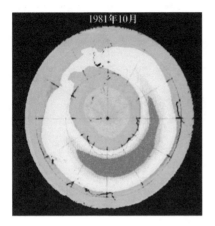

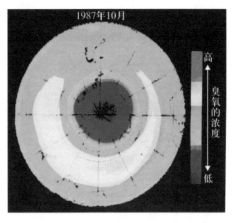

照射，紫外线会被下层大气吸收，不能到达理想高度。因此，采用人造卫星和球形瓶照射的方法效果才会理想。

科学家们还提出了其他一些修补臭氧层的办法，并推算如果每年能人工产生约80万吨臭氧，就能修复目前1％左右被破坏的臭氧层。目前，臭氧层遭到的破坏还无法修补。由此，科学家们呼吁禁止或尽可能减少氟氯化碳的生产和使用。

小知识大视野

1987年8月，美国太空总署实施"南极飞行实验"的飞机先后进入南极臭氧层破洞12次，每次飞行数小时，采集了大量的空气样本。科学家们对采回的空气样本进行了研究分析，结果证明：南极上空臭氧层破洞的面积正在逐步扩大，氟氯化碳的产生与臭氧层的破坏有非常密切的关系。

出现极昼和极夜的原因

真的有一昼一夜的地方

地球上有没有一年只有一昼一夜的地方？

答案是肯定的，在北极和南极一年就是一昼一夜。

为什么在北极和南极会出现这种情况呢？

我们知道，地球公转有一个特点：它斜着身子转动，地轴与公转的轨道面不是呈90度角，而是呈66.33度的夹角。而且，在公转过程中，地轴始终指向北极星的方向。

极昼与极夜的区分

在春分的时候，太阳光直射在地球的赤道附近，此时南北极所受的光照范围相同。而过了春分，太阳光直射在北半球上，以至在秋分之前，即从3月下旬至9月下旬，太阳老是在北极的低空上出现，此时北极地区都是白天，称为极昼。

到了秋分，太阳又直射在赤道上，南北两极所受的光照又相

同。而过了秋分太阳直射点在南半球，以至在春分之前，即从9月下旬至翌年3月下旬，北极地区都是晚上，称为极夜。

南极与北极则恰恰相反。从春分到秋分的半年时间为晚上，即极夜，而从秋分到春分的半年时间为白天，即极昼。

极夜与极昼的光照

在极夜期间，太阳光照不到极地，当然此间南极或北极相当寒冷。即使在极昼时，由于太阳升得很低，斜悬在天边，太阳光穿过厚厚的大气层，热量被削弱，因此南极或北极在极昼时也仍然是冰天雪地。

如果在极昼期间到南极或北极旅游，那么就可以看到奇特的日出奇观：太阳升上地平线之后，循着螺旋形的轨道缓慢上升，上升至一定位置后，再慢慢地落入地平线。太阳始终斜斜地挂在地平线的附近。

如果在极夜期间去遨游，则可以看到那里的天空是明亮的，并不像我们想象的那样可怕。在月光和星光的照射下，冰雪显得格外美丽。当月亮半圆的时候，一天天升起来，并且终日不落，满月的时候升得最高。

极昼与极夜的形成

极昼与极夜的形成是由于地球在沿椭圆形轨道绕太阳公转时，还绕着自身的倾斜地轴旋转

而造成的。原来，地球在自转时，地轴与其垂线形成一个约23.5度的倾斜角，因而地球在公转时便出现有6个月时间两极之中总有一极朝着太阳，全是白天；另一个极背向太阳，全是黑夜。南北极这种神奇的自然现象是其他大洲所没有的。

在南纬90度，即南极点上，昼夜交替的时间各为半年，也就是说，那里白天黑夜交替的时间是整整一年，一年中有半年是连续白天，半年是连续黑夜，那里的一天相当于其他大陆的一年。

如果离开南极点，纬度越低，不再是半年白天或半年黑夜，极昼

和极夜的时间会逐渐缩短。到了南纬80度，也有极昼和极夜以外的时候才出现一天24小时内的昼夜更替。

小知识大视野

北极是指地球自转轴的北端，也就是北纬90度的那一点。北极地区是指北极附近北纬66.34度北极圈以内的地区。北冰洋是一片浩瀚的冰封海洋，周围是众多的岛屿以及北美洲和亚洲北部的沿海地区。

南极被人们称为第七大陆，是地球上最后一个被发现、唯一没有土著人居住的大陆。南极大陆的总面积为1390万平方千米，相当于中国和印巴次大陆面积的总和，居世界各洲第五位。整个南极大陆被一个巨大的冰盖所覆盖，平均海拔为2350米。南极洲蕴藏的矿物有220余种。

神秘的电波来自何方

奇怪的电波

1924年8月，美国海军捕捉到一种奇怪的电波。阿姆哈斯特大学的天文学教授迪皮德·特德博士认为，这种电波有可能是"宇宙人发来的信号"。这种奇怪的电波仍在不断地出现。

有人经过研究发现，发往空中的无线电波脉冲在相同的时间间隔内收到了两个回波。其中一个是从大气的电离层反射回来的。另一个不知是从哪里反射回来的。人们估计另一个回波，可能是从电离层外、月球轨道之内反射回来的。据英国一位天文学家估计，这个反射回波的物体可能是牧夫星座中的某个星球发射的宇宙飞行器。但究竟是什么东西，无人知晓。

发现无线电波

1931年，美国无线电工程师央斯基在研究无线电干扰时，发现了来自银河中心的无线电波。从那以后，天体发射的无线电波使人们产生极大的兴趣，于是射电天文学这门新的学科应运而生。

天文工作者用射电望远镜找到了几万个无线电台，已被确认的有超新星的残骸、银河中的星云、一些有特殊外表的河外星云、快速旋转的中子星等。但其余大部分是什么还不清楚。

科学的研究

1960年至1976年，美国执行两期"奥兹玛计划"，以便捕捉研究各种奇怪的电波。在执行第二期"奥兹玛计划"时，利用世界上最大、最精密的射电望远镜，对地球附近的650颗类似太阳的恒星观察了近4年时间，结果收到了10多颗恒星异常的信息。但

是这些信息是智慧生物发出的，还是天然无线电波的噪声？至今还无法确定。自1983年以来，美国开始执行一项大规模探索外星智慧生物的计划。在普遍搜索太空的同时，重点搜索半径在80光年范围以内的773个星球，希望能从这里解开神秘电波之谜。

小知识大视野

"奥兹玛计划"是1960年美国国家无线电天文台使用位于西弗吉尼亚的绿堤电波望远镜从事的早期搜寻地外文明计划，实验的目的是通过无线电波搜寻邻近太阳系的生物标志信号。这个计划后来以虚构的奥兹国统治者奥兹玛女王来命名，灵感则来自无线电广播李曼·法兰克·鲍姆出版《绿野仙踪》这本书中虚构的翡翠城。

纬度30度线这个神秘之处

十大死亡旋涡区

谈到纬度30度线，人们一定不会忘记令全球飞行员、航海家谈之色变，海难、空难事故最为频繁的海域，也就是说十大死亡旋涡区。

十大死亡旋涡区分别是百慕大三角海域、龙三角海域、太平洋夏威夷到美国西海岸之间的海域、地中海及葡萄牙海岸附近海域、阿富汗附近海域等5个北纬30度线上的死亡旋涡区，以及位于非洲东南部沿海海域、澳大利亚西海岸海域、新西兰北部海域、南美洲东南部海域、南太平洋中部海域等5个南纬30度线上的死亡旋涡区。

令人感到神奇的是，这些旋涡区在地球上正好以等距离分布，若把这些旋涡区用线段连接起来，整个地球将被划分成20多个等边三角形；而每个死亡旋涡区又正巧在这些等边三角形的接合处。

探险家发现壁画群

撒哈拉大沙漠同样位于纬度30度附近，在19世纪，探险家就在北部沙漠高原荒凉的山崖上发掘出长达数千米的彩绘壁画群。壁画的内容丰富多彩，不仅包括动植物、古人生活场景，而且还有一些叫不出名字的生物和模样怪诞的人。

特别是在一些手持长矛、弓箭的虎视眈眈的武士旁边，站着许多怪异的陌生人。他们一个个头戴圆形潜水帽，犹如今天处于失重状态的宇航员。科学家们已经考证出这些惟妙惟肖的壁画至少有6000年的历史。

人们难以想象，在这炎热干燥缺水，每日温度高达70摄氏度的地方，竟有如此神奇的人文历史景观。

考古学家发现水晶头盖骨

1927年，英国考古学家米歇尔·汗吉斯带着女儿不辞艰辛地深入北纬30度两侧玛雅人聚居的丛林中考察，偶然发现一颗用整块水晶石镂刻成的、与真人头盖骨一样的水晶头盖骨。

据专家估计，这颗水晶头盖骨至少有10万年的历史。那么，10万年前，古玛雅人又是怎样把整块坚硬的天然水晶石加工得如此精细、形态如此逼真？玛雅人加工水晶头盖骨的目的又何在呢？

多年以后，保存这颗水晶头盖骨的汗吉斯的女儿声称这颗水晶头盖骨有一股魔力，能治病，她与水晶头盖骨朝夕相伴数十年，至今快90岁了仍然非常健康，看上去比同龄人还年轻。据传说，水晶头盖骨中隐藏着人类过去、现在及未来的种种秘密，储存着人类起源、宇宙生命之谜的信息。

神秘的北纬30度线

位于北纬30度线上的还有：古埃及金字塔群和狮身人面像，传说中沉入海底的大西洲。

另外还有密西西比河、尼罗河、幼发拉底河入海口，世界最高峰珠穆朗玛峰，世界最深的海沟马里亚纳海沟，世界含盐量最高、浮力最大的湖泊，也就是死海……

这一个又一个的奇闻本来就已经很神秘了，但是它们偏偏又都位于纬度30度附近，这就更让人感到不可思议了。看来，要揭露纬度30度这个神秘地方的真相还有待于科学的研究。

小知识大视野 ◆◆◆◆◆◆◆◆◆◆◆◆◆

百慕大魔鬼三角区：名称的由来是1945年12月5日美国飞行队在训练时突然失踪，当时预定的飞行计划是一个三角形，于是人们后来把美国东南沿海的大西洋上，北起百慕大，延伸到佛罗里达州南部的迈阿密，然后通过巴哈马群岛，穿过波多黎各，到西经40度线附近的圣胡安，再折回百慕大，形成的一个三角地区，称为百慕大三角区或"魔鬼三角"。

图书在版编目(CIP)数据

太空奥秘解读/高立来编著. —武汉:武汉大学出版社,2013.6(2023.6
重印)

(天文科学丛书)

ISBN 978-7-307-10788-5

Ⅰ.太… Ⅱ.高… Ⅲ.①宇宙－青年读物 ②宇宙－少年读物

Ⅳ.P159－49

中国版本图书馆 CIP 数据核字(2013)第 100440 号

责任编辑:刘延姣　　　　责任校对:夏　羽　　　　版式设计:大华文苑

出版发行:**武汉大学出版社**　　(430072　武昌　珞珈山)

（电子邮箱:cbs22@ whu. edu. cn 网址:www. wdp. com. cn）

印刷:三河市燕春印务有限公司

开本:710×1000　1/16　　印张:10　　　字数:156 千字

版次:2013 年 7 月第 1 版　　2023 年 6 月第 3 次印刷

ISBN 978-7-307-10788-5　　定价:48. 00 元

版权所有,不得翻印;凡购我社的图书,如有质量问题,请与当地图书
销售部门联系调换。